培养孩子阳光心态的关键

欧平富 编著

中国纺织出版社有限公司

内 容 提 要

好心态是每个孩子幸福一生的积极推动力，家长在培养孩子的过程中，乐观性格的培养必不可少。也许有些孩子天生就比较乐观，有些孩子则天生不具备乐观品质，但家长们要知道，乐观的性格也可以通过后天的培养来实现。

本书是一本家庭教育心灵指南，语言简洁精练、通俗易懂，案例生动新颖，旨在帮助父母让对未来充满憧憬又迷茫的孩子认识到心态的重要性，改变消极情绪，拥有阳光积极的心态。

图书在版编目（CIP）数据

培养孩子阳光心态的关键 / 欧平富编著 .--北京：中国纺织出版社有限公司，2025.4
ISBN 978-7-5229-0638-6

Ⅰ.①培… Ⅱ.①欧… Ⅲ.①青少年心理学—通俗读物 Ⅳ.①B844.2-49

中国国家版本馆CIP数据核字（2023）第097472号

责任编辑：柳华君　　责任校对：高　涵　　责任印制：储志伟

中国纺织出版社有限公司出版发行
地址：北京市朝阳区百子湾东里A407号楼　邮政编码：100124
销售电话：010—67004422　传真：010—87155801
http://www.c-textilep.com
中国纺织出版社天猫旗舰店
官方微博 http://weibo.com/2119887771
鸿博睿特（天津）印刷科技有限公司印刷　各地新华书店经销
2025年4月第1版第1次印刷
开本：710×1000　1/16　印张：12
字数：128千字　定价：49.80元

凡购本书，如有缺页、倒页、脱页，由本社图书营销中心调换

推荐序1

最近，平富老师嘱咐我为他的专著《培养孩子阳光心态的关键》写序，我很欣慰，也很荣幸！同时也感到惊讶，因为2018年后他陆续出版了几本励志心理学著作。

我们是老乡，都年过半百，年纪相仿，也是师生关系。2016年9月至2018年7月，平富在暨南大学攻读应用心理学，我任教他的《基础心理学》课程，在他读书期间，我印象最深的是他从珠海乘坐长途大巴来暨大上学，来得最早，且总是坐在前三排听课，那种聚精会神的专注状态令我佩服。

课间我们还经常交流心理学研究和教学的一些心得。这些年来他在珠海横琴粤澳深度合作区第一中学从教，始终站在教学第一线工作、学习、历练，颇吃苦耐劳，能创造性地开展教育教学教改和心理工作，并且取得了比较大的成绩，实属不易！

我工作之余，看了他的部分书稿，该书侧重于从心理学角度分析如何培养孩子阳光心态。"一个阳光快乐的孩子是一个能自主的孩子，他有能力面对生活中的各种困难，也能在社会中找到自己的位置。"这是法国儿童教育学界共同认可的观点。那么我们该怎样来培养一个心态阳光的孩子呢？

平富老师的这本书围绕塑造孩子阳光心态并如何有效保持良好心态这一主题，给父母提供了许多宝贵建议，希望父母都能从中获得养育孩子的心得。在教育实践中，我们可以引导孩子学会感恩、懂得尊重他人，让孩子敞开心扉、塑造积极心态，让孩子获得健康成长和上进心等。从现在起，青少年朋友们应该掌握一些预防自己心理问题的方法，把自己历练得快乐、阳光、积极、坚强，这样你才能更好地适应社会，获得成功。

作为老师和家长，我们都有责任和义务让孩子认识到自己身上的责任。人活着，就要承担责任。责任心的强弱，能够反映出一个人品德的优劣。哪怕再小的一件事，作为青少年的你也要敢于负起责任。责任心会驱使我们去做任何事情，并努力把事情做好。我们每个人都要清楚，只要你认为那件事很重要，是你的责任，你就会全力以赴做好这件事，想方设法收获最好的结果而无遗憾。

平富老师也提醒我们家长要从孩子小的时候，控制孩子的贪欲。随着物质生活水平的不断提高，很多青少年都过上了衣食无忧甚至是奢华的物质生活，而这也让很多孩子滋生了贪得无厌的心理，对物质的追求往往难以获得满足，从而导致了这样或那样的问题……

总之，此书内容详实，语言通俗易懂，具有较强的逻辑性和可读性，家长朋友通过阅读此书，可以从中学习和掌握到很多实用的培养子女阳光心态的策略和方法。是为序。

叶茂林

2024年3月6日

叶茂林，心理学博士（毕业于华东师范大学心理系），暨南大学管理学院教授，博士生导师，兼任企业管理系主任，暨南大学人力资源管理研究所所长，广东省应用心理研究会会长，中国心理学会工业心理专业委员会委员及管理心理学专业委员会委员。

推荐序2

孩子走向光明人生的指南

在出版了《心理急救：日常心理问题应对策略》《越淡定越幸福：沉默是金的处世之道》等励志专著之后，心理学专家欧平富同学又推出了新著《培养孩子阳光心态的关键》。

我和欧平富老师都是湖南宁远人，年龄也差不多，都快花甲了。我们之所以走得较近，是因为我们有个共同的特点，那就是勇于拼搏不服输，都想在自己的事业上有所建树。我专注语文教育与文学创作，而平富则在心理学领域开创了一片天地。十余年来，他每隔一两年就出版一本心理学方面的专著，仅这一点就令我敬佩。正因为我们都是奋斗者，我们交流得较多，在相互勉励与事业促进中加深了友谊。平富每出版一本书都嘱咐我给他的新书写写短评在报刊发表，我也没有让他失望，有三篇短评见报了。

这本新书是欧平富老师多年思考与研究的心血结晶，他以丰富的经验和深入的洞察，为广大父母提供了一套培养孩子积极心态的有效方法。本书深入探讨了阳光心态对孩子的重要性，以及如何引导孩子养成这种心态。

该书通过详细的讲解和实用的案例分析，让您轻松掌握培养孩子阳光心态的方法，让孩子学会在逆境中保持乐观，勇敢面对挑战，并且引导孩子懂得珍惜当下学会珍惜生活中的美好。

这本书结合了心理学、教育学和社会学的理论，从多个角度深入剖析了培养孩子阳光心态的重要性、方法和途径。

首先，本书强调了培养孩子阳光心态的重要性。阳光心态是一种积极向上的心理状态，它能够帮助孩子更好地应对压力和挫折，增强自信心和抗压能力。

其次，本书深入探讨了培养孩子阳光心态的方法。作者提出了一系列切实可行的建议，包括培养孩子的积极情绪、引导孩子正确看待失败、培养孩子的感恩之心等。这些方法具有很强的实践性和可操作性，能够帮助家长和教育工作者在日常生活中潜移默化地培养孩子的阳光心态。

最后，本书探讨了培养孩子阳光心态的途径。作者建议家长和教育工作者要通过营造良好的家庭氛围和校园环境，为孩子提供积极的榜样和引导。

总之，《培养孩子阳光心态的关键》是一部充满智慧与关爱的著作。它为广大父母提供了一种全新的教育理念，帮助他们更好地引导孩子走向光明人生。在竞争激烈的现代社会，培养孩子的阳光心态显得尤为重要。希望每位父母都能从本书中汲取营养，用爱与智慧引领孩子茁壮成长。

邹天顺

2024年3月8日

邹天顺，60后，湖南省永州市宁远人，现居广东清远。广东省特级教师，高中语文正高级教师（教授），华南师范大学兼职教授，湖南理工学院研究生导师。广东省作家协会会员，广东省文化学会会员，清远市文艺评论家协会副主席。广东省十大优秀书香之家及全国最美家庭获得者。发表各类文章100多万字，出版学术专著及小说集、诗集、散文集等五部。

前 言

有人说，这世界上存在两种人，一种是乐观的人，另一种是悲观的人，而划分的标准就是他们对待事物的态度。乐观者，他们的脸上总是洋溢着微笑，似乎没有什么事情能难倒他们，因此，他们生活得幸福、坦然；而悲观者，他们似乎总是把眼光盯在事物坏的、消极的一面，于是，他们总是感到低迷，整日郁郁寡欢。有句话说得好："乐观者在灾祸中看到机会，悲观者在机会中看到灾祸。"微笑看待人生，好运自然会来。

人生短短数十载，困难和挫折都在所难免，我们不能预知未来，但我们可以以一颗坦然的心面对。只要做到积极乐观、永不绝望，就一定能度过逆境。在家庭教育中，我们也应该在日常生活中培养孩子阳光的心态，这样孩子在成长过程中无论遇到什么，都不会忧郁沮丧，无论遇到怎样的痛苦，也不会整天沉溺于其中无法自拔。

事实上，心理学家经过研究也发现，成长期的孩子若对自己持正面的看法，对未来有乐观的态度，那么，他这辈子不会离幸福太远。乐观的孩子的重要表现之一，就是懂得对事情作正面的思考。乐观的孩子开朗、活泼；对待生活热情，不怕失败，敢于尝试；对事物充满极大的兴趣，创新意识较强。乐观的孩子，他们在学校的表现往往比较好，长大了也容易获得成功。我们还发现，那些成功人士，无不有着乐观的心态，而他们乐观的心态，是在经历了人生的磨难和生活的历练以后获得的。

世界著名教育学家塞利格曼曾指出：父母教育孩子的方式正确与否，显著地影响着孩子日后性格是乐观还是悲观。一位教育专家有句名言："培养笑容就是培养心灵。把孩子培养成面带笑容的孩子，就是把孩子培养成为乐观、进取的人的最重要条件之一。"任何一个人，如果总是沉浸在阴郁愁苦之中，就很难有所成就，也很难被人欣赏。

的确，一个乐观开朗的人，无论面对什么样的生活，都有能力重新开始，即使山穷水尽，也能重新走入柳暗花明。对于任何一个人来说，这是比什么都重要的财富。

然而，乐观的心态不是每个人都会拥有的，但是可以慢慢培养。作为家长，在孩子的成长过程中我们一般只注重孩子的健康和智商，却忽略了影响孩子一生的至关重要的一点，那就是孩子健康的心理。那么，培养孩子乐观的心态，家长该如何做呢？

这就是我们在本书中要解决的问题。本书从心理学的角度出发，帮助孩子塑造阳光心态，告诉孩子如何保持阳光心态，以及如何守护自己健康的心灵，希望父母都能从中获得养育孩子的心得。不过，需要注意的是，培养孩子积极阳光的心态，父母要身体力行，营造出一个乐观而温馨的家庭环境，让孩子快乐地学习、快乐地生活，教会孩子正确面对批评和挫折，学会乐观向上，克服羞怯和抑郁的悲观因素。父母要多给予赏识与鼓励，多给予笑声与温暖，这样孩子就会逐渐形成乐观开朗的性格。

编著者

2022年5月

目 录

001 | **第一章**
塑造积极心态，让孩子获得健康成长和进步心

告诉孩子，你可以自信，但不能过于自负 003

自私的孩子没人爱，告诉孩子勿做"自私鬼" 006

虚荣心是孩子成长和进步的大敌 009

让孩子认识到自己身上的责任 012

依赖他人的孩子，很难立足于社会 014

鼓励孩子勇敢起来，克服胆小 016

家长要从小注意控制孩子的贪欲 019

021 | **第二章**
清扫心灵垃圾，引导孩子做自己心灵的美容师

一味地抱怨，并不能解决任何问题 023

让孩子努力培养一种爱好，心灵永不空虚 025

告诉孩子，心安就能做好事 028

摆脱焦虑的困扰，让一切顺其自然 031

爱热闹的孩子，如何引导他学会独处 033

035 | 第三章
心态调节，带领孩子清除内心的消极情绪

学会宽容，不要被仇恨冲昏头脑 037

告别孤僻，引导孩子敞开心扉 039

我们要注意培养孩子的良性竞争 041

引导孩子控制愤怒情绪，修炼良好心性 044

告诉孩子要积极乐观地面对生活的挑战 047

困难也是孩子提升自己的契机 049

抑制冲动，是孩子要学习的第一课 051

055 | 第四章
肯定自我，让孩子内心洒满阳光

心静了，才能听到动听的声音 057

告诉孩子永远要满怀希望地生活 059

积极的自我暗示，能让孩子产生信心 061

生活有艰苦，但是能苦中作乐 063

让孩子明白付出才有结果的道理 065

一旦改变了心态，命运也会随之改变 067

从小在孩子的心里撒下一颗充满阳光的种子 069

071 | 第五章
建立信心，爱是让孩子自信的最好良药

孩子世界的大小取决于其心的大小 073

自信的孩子不会活在别人的眼睛里 075

告诉孩子尽早确定人生方向 078

让孩子看到信心的力量 081

让孩子明白，你才是自己的"圣人" 083

母爱是对孩子最大的支持 085

鼓励孩子大胆追梦 087

089 | 第六章
打磨自己，让孩子经受挫折才能更好地成长

激发孩子的忧患意识，使其主动进步 091

指导孩子如何对待优势和劣势 094

不让孩子被困难吓倒 096

引导孩子学会选择，才能使其更好地面对人生 098

换个角度，让孩子将短板变成自己的优势 100

让孩子在帮助他人的过程中获得自身的成长 102

孩子需要一点压力，才能保持青春的活力 105

107 | 第七章
开拓人生，鼓励孩子勇敢面对苦难

跌倒了，也要告诉孩子勇敢站起来 109

苦难中会孕育出生命的奇迹 111

要想成为强者，就必须踏着失败前进 113

当孩子难过时，要陪伴在孩子左右 115

身处绝境中，如何才能实现逆袭 117

让孩子明白，改变命运先要改变心态 119

告诉孩子，无论失去什么，不能失去希望 121

123 | 第八章
知己难寻，引导孩子用心呵护一生的友情

坦诚相待，对手也能成为朋友　125

宽容的孩子拥有最真挚的朋友　128

告诉孩子如何维系友情　130

物以类聚，孩子能从朋友身上取长补短　132

友谊，让成长中的孩子更有力量　134

引导孩子如何认清真相　137

让孩子明白什么是真正的朋友　139

141 | 第九章
感悟生命，教导孩子用心过好当下的每一天

带领孩子感悟生命，感恩生活　143

拥有生命，是获得一切美好的前提　145

分享，让每个孩子的生命更有意义　147

享受当下，享受幸福　149

告诉孩子，生命高于一切　151

假如生命只剩下最后一天　154

虚心接受他人的意见，弥补自己的不足　156

159 | 第十章
给予陪伴，告诉孩子学会珍惜血浓于水的亲情

母亲与孩子，如同种子与果实　161

孩子，是妈妈生命的延续　164

父爱无言，父亲是孩子身后的一座山　166

孩子是妈妈心里最重要的人　169

亲人，是每个孩子一生的依靠　171

母亲，应该给孩子最贴心的陪伴　173

多陪伴孩子，才是给他最好的爱　175

参考文献　178

第一章

塑造积极心态，
让孩子获得健康成长和进步心

第一章
塑造积极心态，让孩子获得健康成长和进步心

告诉孩子，你可以自信，但不能过于自负

作家爱默生说："自信是成功的第一秘诀。"但在很多时候，自信与自负只是一念之差，自信的人予人以好感，自负的人令人厌烦。同时，自负者在心理上也会有更多的压力，因为他们会在内心告诉自己，一定要兑现自己许下的诺言，而结果常常事与愿违。

青少年朋友们要记住，无论何时都要保持清醒的头脑，只有这样，你才能稳扎稳打，学好科学文化知识，学会做人做事的道理，走好人生的每一步。

曾经听过这样一个故事：无论你多么强大、多么成功，只要心中被骄傲占据，那么你就离失败不远了。

很久以前，有一个农夫，他的庄稼地在一片芦苇地旁边，经常会有一些野兽出没，为了防止自己的庄稼被野兽毁坏，他经常巡视并拿着弓箭去射猎这些野兽。

和往常一样，农夫来到芦苇边看护庄稼。这天很安静，好像什么都没发生，农夫也觉得自己乏了，便在芦苇地旁边休息。正当他要打盹儿时，却发现芦苇丛中的芦花纷纷扬起，飞到了空中，他觉得很奇怪，难道芦苇丛中有什么东西吗？

于是，他走过去，定睛一看，原来是一只老虎，只见它蹦蹦跳跳地，时而摇摇脑袋，时而晃晃尾巴，看上去好像高兴得不得了。

老虎到底为什么这么高兴呢？农夫心想，它一定是刚刚捕完猎物，美美地饱餐了一顿。可这只老虎完全没有想到捕捉自己的农夫就站在身后。

想到这里，农夫赶紧藏好，拿起了弓箭，瞄准老虎，然后趁着它跳起的一

瞬间，一箭射过去，老虎立刻发出凄厉的叫声，扑倒在芦苇丛里。

农夫过去一看，老虎前胸插着箭，身下还枕着一只死獐子。

"螳螂捕蝉，黄雀在后"说的就是这个道理。这只老虎由于捕到了獐子万分高兴，便忽略了对周围环境的觉察，以致自己成了别人猎杀的目标，最后中箭而死。

可见，自信固然可贵，但如果自信过了头，便成了自负与狂妄，那就确实不讨喜。生活中，那些自大的孩子往往不屑于与别人交往，心胸狭窄。他们虽能取得一定的成绩，但往往满足于现状，而且他们看不到别人的成绩。因此，青少年朋友只有改正自大的性格弱点，才能看清别人，从而博采众长。生活往往阻扰骄傲的人，恩赐谦卑的人。如果你也是一个骄傲的人，就要从现在开始审视自己，改变自己，做一个谦逊的人，一个能够按捺冲动、奋发向上的人。

阳光箴言

要克服自负心理，青少年朋友们需要做到：

1. 要有自知之明

常听说人贵有自知之明，这个"明"，既表现为如实看到自己的长处，也表现为如实分析自己的短处。如果只看到自己的短处，似乎是谦虚，实际上是自卑心理在作怪；如果只看得到自己的长处，那么，你就是自大。"尺有所短，寸有所长。"每个人都有自己的优势和长处。如果我们能客观地评价自己，在找出自己的长处和优势的同时，也能看到自己的缺点和短处，那便能很好地弥补自己的不足。

你要知道，天外有天，人外有人。很多事物的优越性都是相对的，我们所拥有的是多么的微不足道，所以我们没有理由狂妄自大。

2. 兼听则明

那些谦卑、成功的人一般都善于倾听各方面的意见、进行周密的思考，并归纳出一套哪些事物可行、哪些事物不可行的完全属于自己的见解。在思考问题的过程中，他会考虑到"得失利弊""差之毫厘，失之千里""真理若往前再跨越一步就是谬误"等这些一般人所考虑不到的问题。他的最大特点就是善于倾听各方面的意见和建议，敢于坚持真理。

可见，做人要信心十足，但不等同于自高自大、自我浮夸，只有抱着谦卑的态度，你才能不断进步！

培养孩子阳光心态的关键

自私的孩子没人爱，告诉孩子勿做"自私鬼"

我们都知道，人与人之间的交往都是相互的，你怎样对待他人，他人就怎样对待你。如果我们只想拥有而不想给予，那么就是一个自私的人，而自私的人是不会拥有真正的朋友的。所谓"赠人玫瑰，手有余香"就是这个道理。事实上，生活中处处存在美与爱。我们每天都能看到初升的太阳，那是自然之美；我们每天都能拥有他人的关爱与帮助，这是人性之美。

青春期是人格砥砺和品质形成的关键时期，这个阶段的每一个孩子都应该学会替他人着想，学会付出爱，勿做别人眼中的"自私鬼"。

从前，在一个深山里有一个小村庄，村里的每一个人都起早贪黑地种植稻谷，但不知为何，每年的收成都很差，根本不能解决温饱问题。

后来，有一个农民走出大山，去寻找优质稻种。终于，他发现了高产量的稻种。果然，第一年试种，收成很好。村民们看到了他的成功，便想从他那里换一些稻种。可这个农民想，如果大家的稻谷产量都提高了，自己不就不能发财了吗？于是，他拒绝了乡亲们的请求。

第二年，他还是用新得到的种子播种，并且比往年耕种得更加勤奋。谁知道，这次产量却很差。后来他才明白，在稻谷授粉时，风将邻家的劣质花粉吹到他家的优质稻子上了。

此时，你肯定会嘲笑这个自私又愚昧的农夫。是的，自私狭隘是一切善良美好的事物身上的"毒瘤"，是成功与和谐的天敌。与之形成鲜明对比的是一种善于为他人着想的博大、无私的胸怀。

生活中的青少年朋友们，当你遇到有困难的人时，你是否愿意向他们伸出援助之手，为他们想想办法？或许在不经意间，受帮助的不仅是别人，还有你自己——爱加上智慧是能够产生奇迹的。其实任何一次助人行为，都是完善自我、实现自我价值的机会，怎能不出于自愿？心存善念，多行善事，我们就是自己最重要的贵人。

阳光箴言

要想做到替他人着想，青少年朋友们，你们首先要克服的就是自私心理，除此之外，你们还需要做到：

1. 关心他人

你可以从关心周围的人开始，如你的父母、亲人、老师、同学。当你的同学摔倒了，要主动扶起来，并加以安慰，在这种举动中，你将会体验到帮助别人的快乐；妈妈生病卧床，你可以为她递水、送药；在父母生日的时候，为他们送上一份礼物；走在路上，看到老人手中的报纸或其他东西掉在地上，应主动帮忙拾起。

2. 做力所能及的家务，对家庭尽一份责任

爸爸妈妈每天除了工作以外，还得照顾老人和孩子。你已经长大了，应该学会为他们分担一点儿了，你可以从最简单的家务做起，如帮爸妈洗洗碗、做做饭、拖拖地，他们会为此感到欣慰的。

3. 要表达自己的真诚和关切

与人交往，一定要真诚，关心他人不能有太强的目的性，这样才能使别人愉快地接受，我们才会满足和愉悦。

4. 多为别人着想

在与人交往的过程中，要学会为他人着想，这样，你就能体谅他人的难处，说该说的话、做该做的事，他人也会感受到你的贴心。

5. 助人为乐，经常参加一些慈善活动或者社会实践活动

有句名言说得好：关心他人，竭尽全力去帮助别人，会使人变得慷慨；关

心别人的痛苦和不幸，设法去帮助别人减轻或消除痛苦和不幸，会使人变得高尚；时常为他人着想，会丰富自己的生活，增加自己的涵养。任何一个孩子，不仅要承担努力学习的责任，还应该努力培养自己健全的人格，学会助人为乐，也是帮助你自己。

虚荣心是孩子成长和进步的大敌

我们都有自尊心,然而,当自尊心受到损害或威胁,当我们过于看重它时,就可能产生虚荣心。对于青少年朋友来说,在成长的过程中,一定要克服虚荣心,形成好性格,否则,你就可能因为虚荣而使价值观和人生观扭曲,甚至通过炫耀、显示、卖弄等不正当的手段获取荣誉与地位。这样的人往往是华而不实、浮躁的,在物质上讲排场、搞攀比;在社交上好出风头;在人格上很自负、嫉妒心重;在学习上不刻苦。相信很多青少年朋友都读过法国作家福楼拜的代表作《包法利夫人》。

主人公艾玛是一个富裕农民女儿,在专门训练贵族子女的修道院读过书,尤其喜欢读一些浪漫派的文学作品。虽然现实生活很残酷,但是艾玛经常沉浸在自己虚构的奢华生活中无法自拔。现实和虚幻世界的强烈反差,使她非常苦闷。成年之后,艾玛嫁给了包法利医生,但是医生微薄的收入根本无法供她挥霍,而且艾玛非常讨厌其貌不扬的包法利及其满足现状的个性。即使生了孩子,艾玛的母爱也没有苏醒。她一心一意、执迷不悟地贪图享乐,爱慕虚荣,竭尽全力地满足自己的私欲,梦想着有朝一日过上贵妇的生活。为了追求浪漫的爱情,寻求她心目中的英雄,艾玛先是受到罗多尔夫的勾引,结果被欺骗了;后来,她又与莱昂暗中私通,中了商人勒乐的圈套。最终,她负债累累,不得不服毒自尽。

在这篇小说中,福楼拜批判了艾玛爱慕虚荣的本性,也深刻地批判了社会的畸形。这种批判引人深省,令人警醒。

青少年虚荣心的形成是多方面的,其中多半和不良的消费习惯有关。现在人们的生活水平越来越高，父母给孩子的零花钱也越来越多，从最初的几元到现在的几十、几百元。而很多孩子到了初中以后，家长怕他们在学校吃不饱、穿不暖，零花钱更是有增无减。他们在家长的"默认"和"纵容"下养成了不良的消费习惯：没有节制、想买什么就买什么，只知道有钱就花，花完了再向父母要，久而久之，他们便养成了大手大脚花钱的习惯，金钱观严重偏离了正常的轨道，逐渐迷失自己，变得极其爱慕虚荣。

阳光箴言

青少年朋友们，如果你有严重的虚荣心，那么，最好做自己的心理医生，从以下几个方面进行心理调节：

1. 完善自己

一个人如果深知只有完善自己才能逐步提高的道理，就能转移视线，找到努力的动力，心境也会豁然开朗。

2. 尽可能地纵向比较，减少盲目的横向比较

比较分为纵向比较和横向比较。横向比较指的是将自己与他人比，而纵向比较指的是将昨天的自己和今天的自己比。你应尽可能地找到长期的发展变化，以进步的心态鼓励自己，从而建立希望体系，帮助自己树立起坚定的信心。

3. 正确认识荣誉

通常情况下，有虚荣心的人都很爱面子，希望得到别人的肯定和赞扬，希望每一个人都羡慕自己。要避免形成爱慕虚荣的性格，青少年就必须以正确的心态面对荣誉，每个人都应该争取荣誉，这是激励自己前进的动力，但绝不能以获得荣誉为目的。事实证明，许多仅仅为了获取荣誉而工作的人，荣誉往往与他无缘。倒是不图虚荣浮利的人，常常"无心插柳柳成荫"，于不知不觉中获得荣誉。也就是说，只要我们脚踏实地地做好本职工作，淡泊名利，荣誉自然会降临到我们身上。

4. 脚踏实地

脚踏实地的人懂得通过自己的双手和劳动来获得物质和财富，这样的人才是最可爱的、令人敬佩的。

让孩子认识到自己身上的责任

人活着，就要承担责任。责任心的强弱，能够反映一个人品德的优劣。每个青少年朋友，都应该有正确的态度，哪怕再小的一件事，你也要敢于负起责任。责任心会驱使我们去做事，并且努力把事情做好。我们每个人都要清楚，只要你认为那件事很重要，是你的责任，你就会全力以赴做好这件事，想方设法收获最好的结果。

一天，某户人家的门铃响了，开门的是男主人汤姆。

汤姆发现，一个十来岁的小男孩站在门口，并且他开始自我介绍："你好，先生，我的名字叫亨利。"然后，他指着斜对面那栋漂亮的房子，告诉汤姆那是他家。

接着，他问："我可以帮你剪草坪吗？"汤姆打量了一下这个小男孩，他身材瘦小，再看看自己家的花园，有前后院，还有个大草坪。不过，既然是他主动要求做的，汤姆也就点点头说："好啊！"

随后，男孩很高兴地推来剪草机，开始工作。他把笨重的机器推来推去，不一会儿，草坪就被剪得相当整齐。

等他剪完所有的草后，按照事先说好的，汤姆给了他10美元的报酬，但令汤姆好奇的是这小男孩为什么要挣钱。对此，小男孩说："上个星期我过生日，爸爸给了我购买一辆自行车一半的钱，我要赚另一半的钱。如果下个星期再让我给你剪草坪，我就可以去买了。"

从那以后，汤姆家修剪草坪的工作就被男孩承包了。慢慢地，附近几家的草地的修整工作也都交给他了……

责任心对于任何处于成长阶段的青少年来说都至关重要。一个人应该有许多品质，其中衡量一个人是否成熟的标准就是责任心。事业有成者，无论做什么，都力求尽心尽责，丝毫不会放松。成功者无论做什么职业，都不会轻率疏忽。这就是一份责任。

责任不需要整天挂在嘴边，而是一种意识，你需要明白，在遇到事情的时候必须承担后果。从小学会担当，长大了，你自然就会有责任心。

阳光箴言

每一个青少年朋友，都应该从现在开始承担起各种各样的责任，对此，你需要做到：

1. 要学会帮别人分担一些忧患

当然，这种分担要在自己能够承受的范围内。例如，在家里，我们要负起作为家庭一分子的责任；在班级里，要负起作为学生的责任；在社会上，要负起作为公民的责任……

2. 努力学习，对自己负责

在这个社会上，每个人都肩负着自己的责任。做好自己的本职工作，不仅是对他人负责，更重要的是对自己负责。作为学生的你，现阶段的首要任务就是努力学习，只有充实自身，才能有所担当，才能在未来做好本职工作，才能实现自我价值。

3. 关心国家，关心社会

我们都生活在一个大集体中，这个大集体就是国家和社会，有国才有家，每个孩子都懂得这个道理。从明天开始，不要只关心自己的学习或者最新的流行趋势了，多关心国家和周围发生的时事。

培养孩子阳光心态的关键

依赖他人的孩子，很难立足于社会

随着物质生活水平的提高，很多父母不但为孩子提供了衣食无忧的生活，还事事为孩子包办，导致孩子形成了依赖心理。这样的孩子缺乏毅力、恒心和奋斗精神，将来必定无法立足于社会。

从前，有一对夫妇，他们老来得子，异常高兴。所以，他们对这一"老来子"十分疼爱，几乎不让孩子做任何事，孩子除了吃喝以外什么也不会。很快，孩子长大了。

一天，老两口要出远门，担心儿子在家没法照顾自己，就想了一个办法：临行前烙了一张中间带孔的大饼，套在儿子的脖子上，告诉他想吃的时候就咬一口。

可是，这个孩子居然只知道吃脖子前面的饼，不知道把后面的饼转过来吃。等老两口回来时，大饼只吃了不到一半，而儿子竟活活饿死了。

青少年朋友们，当你看完这则故事，你是否有所启发？只有学会独立自主地生活，才具备生存的能力。"自己动手，丰衣足食"说的就是这个道理。

其实，人生成功的过程也就是个人克服自身性格缺陷的过程。青少年身上由优越的成长环境导致的弱点，可能会影响到未来的婚姻家庭等生活状况，同时也影响其人际交往、职业升迁、事业发展……因此，青少年朋友们，如果你也有依赖的性格，最好从现在开始努力克服。

阳光箴言

那么，青少年朋友们该怎样靠自己的努力摆脱依赖感呢？

1. 要充分认识到依赖心理的危害

这就需要你纠正平时养成的不良习惯，提高自己的动手能力，不要什么事情都指望别人，遇到问题要有自己的选择和判断，加强自主性和创造性，学会独立地思考问题。

2. 要破除习惯性的依赖

对于依赖性强的人而言，他们的依赖行为已成了一种习惯，为此，首先需要纠正这种不良习惯。你需要检查自己的日常行为中哪些是要依赖别人去做的，哪些是自主决定的，你需要坚持一个星期，然后将这些事件分为自主意识较差、中等、较强三等。

3. 要增强自控能力

对于自主意识较差的事件，你可以通过提高自控力来改善；对于自主意识中等的事件，你应寻找改进方法，并在以后的行动中逐步实施；对于自主意识较强的事件，你应该吸取经验，在日后的生活中逐步实施。

4. 学会自理

进入青春期的你，已经不是儿童了，因此，你应该学会自理。这时，即使家长为你包办，你也应该拒绝，大胆尝试，才能在潜移默化中培养自理能力。另外，你要坚持到底，不要凭一时的冲动做事，因为自理能力不是一朝一夕就能养成的，需要对自己进行反复的强化和持之以恒的锻炼。

5. 学会独立解决问题

依赖性是懒惰的附庸，而要克服依赖性，需要在多种场合坚持自己的事情自己做。因此，日常生活中，切忌让家长当你的"贴身丫鬟"，也不要让家长帮你安排所有事情。我们可以尝试独立地解一道数学题、独立准备一段演讲词、独立地与别人打交道等。

鼓励孩子勇敢起来，克服胆小

中国人素来以含蓄、谦逊的民族性格著称，但如今，竞争激烈的当代社会，要求人们面对机会要勇敢、大声地说"我行"。因此，未来要参与社会竞争的青少年朋友们，你们也必须培养自己敢于自我表现的勇气和习惯。你们要记住：勇敢一点儿，不做胆小鬼。

有些孩子天生胆大，有些孩子天生胆小。但生活中，我们看到的更多的是被娇生惯养的孩子，他们一遇到委屈或挫折就扑到父母的怀里哭泣，父母疼到心肝里，替他们出头，安慰他们。殊不知，越是这样，孩子越胆怯、怕事儿，遇事越发没有主见，这样的孩子在将来怎么能独当一面呢？

从这个角度看，青少年朋友们，你若想变得勇敢，首先要摆脱父母的呵护，学会独立。除此之外，你还要敢于大胆地表达自己的想法。

著名女作家梁凤仪，小时候是一个不敢说话的小女孩。有一次，小凤仪跟爸爸逛商场，就要离开时，她拽住爸爸的衣角说："爸爸，再玩一会儿吧。"小凤仪并不是贪玩的孩子，她只是想要柜台里漂亮的洋娃娃。爸爸看出了她的心思，却没有主动买给她。终于，小凤仪忍不住了，她用细若蚊蝇的声音说："爸爸，我……想买一样……东西。""买什么？说话别吞吞吐吐，想要什么就大胆地说出来！""我想买一个洋娃娃！"小凤仪鼓起勇气说。于是，她得到了那个洋娃娃。

小时候的梁凤仪是个不够勇敢的女孩，但当她终于大胆地说出自己的需要时，她得到了心仪的洋娃娃。

在未来社会，每个青少年朋友都将面临激烈的竞争，这需要勇气，并且有时需要很大的勇气。虽然竞争的"战场"上没有硝烟，但恐惧足以摧垮人的意志。因此，你必须从现在起克服自己的胆小，让自己变得勇敢起来。

阳光箴言

青少年朋友们该如何克服胆怯心理，勇敢地面对生活中的种种问题呢？

1. 树立自信心

树立自信心是战胜胆怯退缩的重要法宝。胆怯退缩的人往往缺乏自信，对自己能否完成某些事情持怀疑态度，结果由于心里紧张、拘谨，使得原本可以完成的事情被搞砸了。

因此，你在做一些事情之前应该为自己打气，相信自己能做好，然后全力以赴。

2. 扩大交际和接触面

一般来说，怯于表现的孩子面对大众目光时只是会觉得不安，并非讨厌赞美和掌声。

因此，为了克服自己胆小的性格弱点，你应该有意识地扩大自己的社交面，经常面对陌生的人或环境，逐渐减轻不安心理。闲暇时，你可以和邻居家的叔叔阿姨聊几句，与同龄孩子一起玩耍，建立友谊；购物时帮长辈付钱；经常到亲戚家串门；每逢节假日，一家三口背上行囊去旅游，让自己置身于川流不息的游客潮中……随着见识的增长，你面对陌生人的目光时，便会多几分坦然。

3. 尝试做一些不喜欢甚至不敢做的事

有些孩子总是屈从于他人，不敢鼓足勇气尝试没做过的事情，时间久了，就误以为自己生来就喜欢某些东西，而不喜欢另一些东西。

因此，你应该认识到，无论做什么事情都要敢于去尝试，尝试做一些自己原来不喜欢的事，你会体验到一种全新的乐趣，也会慢慢地从固有习惯中挣脱出来。关键要看你是否敢于尝试，是否能把自己的想法贯彻到底。

4.学会在众人面前表演

对此，你不妨先从自己熟悉的环境开始表演，亲友聚会是个不错的选择，因为面对熟识的人你会比较放松。比如，当你的外婆过生日的时候，你可以当着大家的面为她唱首歌，相信她会很喜欢，而你的胆量也会被训练出来了。

家长要从小注意控制孩子的贪欲

随着物质生活水平的不断提高,很多青少年都过上了衣食无忧甚至是奢华的物质生活,而这也让很多孩子滋生了贪得无厌的心理,对物质的追求往往难以获得自我满足,这就是贪婪者大多不快乐的根本原因。相反,那些过着简单生活的孩子,得到一件玩具就会玩得十分高兴。因此,青少年要明白,贪念是幸福人生的大敌,必须在青少年阶段就加以克服。

有这样一个故事:

从前,一家有弟兄三人,老大比较愚钝,四十好几的人,还是光棍一个。整日里破衣烂衫,连一身像样的衣服都没有。有人问他:"你最大的心愿是什么?"他脱口而出:"要随我意,天天新衣。"

老二则是小康之家,衣食无缺。只是长相太丑陋,又找了一个比他还难看的妻子。所以,当问到他的最大心愿是什么时,他迫不及待地说:"要随我心,天天娶亲。"

而老三由于经营有方,再加上天资聪慧和好运气,已经是远近闻名的富豪了。当人们问他最大的心愿是什么时,他却毫不顾忌地说:"要随我心,挖一窖金。"

这虽然是个故事,但从中足以看出人的贪婪之心。"人心不足蛇吞象",多么贴切的比喻。贪婪之心,就像一个恶魔,一旦附身,就会让人难以善终。仔细想想,其实我们每个人又何尝不是如此呢?读过这个故事,我们都应该好好地反思一下:我们如何摒弃贪婪之心呢?

哲人说,欲望是人痛苦的根源,因为欲望永不能被满足的。一个人离理想越远，自然离欲望越近。在现实生活中，我们常常迷失在理想与欲望之中，将欲望当作理想，这是因为它们有时近得只有一线之隔，或者说欲望是感性的，而理想是理性的。

事实上，一个人是否幸福、快乐，不在于能否获得更多的金钱与财富，而在于能否得到最适合自己的东西。因此，一个人只有明确自己真正需要什么，为之努力的过程和获得的结果才能让他产生幸福感。

阳光箴言

青少年朋友们，你该怎样克服贪念呢？

1. 避免物质生活过于奢华

人们贪念的形成多半是从物质开始的，有了点儿钱就想更有钱，住了房子就想住别墅等，同样，很多青少年身上也有这样的缺点，总是想吃高档食物、买名牌衣服。假若你从小就注重节俭，怎么会有这样的性格缺点呢？

2. 学会知足，享受简单的快乐

如果你能体会到和同学们一起做游戏、和父母一起享受亲情的快乐，你还会把眼光放在追求物质上吗？

因此，孩子们，在忙碌的学习之余，不妨投身到人际交往中吧，从中获得乐趣，培养阳光心态。

3. 正确看待竞争，不要过于看重竞争结果

有些孩子，眼里容不下别人比自己优秀，为此，他们努力学习，总想赶超别人，这是他们学习的动力，但也会成为他们的心理负担。倘若你获得了好成绩，却变成了一个善妒的人，而且遗忘了什么叫快乐，你觉得还会幸福吗？

第二章

清扫心灵垃圾，引导孩子做自己心灵的美容师

一味地抱怨，并不能解决任何问题

抱怨就像瘟疫一样在我们周围蔓延，生活中，喜欢抱怨的青少年不在少数，他们抱怨学习太累、父母太唠叨，甚至抱怨饭菜太差、衣服太难看等。因为抱怨，他们不仅使自己很烦躁，也使别人很不安。而实际上，抱怨对于事情的解决毫无益处，它只会让我们在忙碌中兜圈子。如果我们能心平气和地正视问题，理清自己的思绪，就很容易找到解决问题的方法。

小李高考落榜后，在一家汽车修理厂工作。从他工作的第一天开始，他就对自己的工作不满，他不断抱怨："修理这活儿太脏了，瞧瞧我身上弄的。""真累呀，我简直讨厌死这份工作了。""要不是考试中出了点失误，我现在都是名牌大学的学生了。干修理这活儿太丢人了！"

每天，小李都在煎熬和痛苦中过日子，但他又害怕失去这份工作，于是，只要师父不在，他就偷懒耍滑，得过且过。

几年过去了，与小李一同进厂的三个工友凭着各自的手艺，或另谋高就，或被公司送进大学进修了。唯有小李仍旧在抱怨声中做他蔑视的修理工。

可见，无论我们做什么事，要想取得成绩，就必须投入全部的热情。如果你也像小李那样鄙视、厌恶自己的工作，对它投以"冷淡"的目光，那么，即使你从事的是最不平凡的工作，你也不会有所成就。

其实，没有一种生活是完美的，也没有一种真正让人满意的生活。如果我们不抱怨，而是以一种积极的心态努力进取，那么，收获的将会更多。如果我们养成抱怨的习惯，那么就像搬起石头砸自己的脚，于人无益、于己不利、于事无补，生活就成了牢笼，处处不顺、时时不满。所以，每个人都应该认识

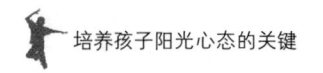

到：自由地生活着，其实本身就是最大的幸福，哪有那么多抱怨呢?

阳光箴言

青少年朋友们，要想不抱怨，你就要知道以下几点：

（1）生活是你的朋友，不是你的敌人。

（2）生活总有那么多不尽如人意的地方，就算生活给你的是垃圾，你也要努力把垃圾踩在脚底下，登上世界巅峰。

（3）每个人都应该各司其职，有自己的生活，无论是学习还是做其他事，这都是实现人生价值的方式，也是我们幸福的源泉。

让孩子努力培养一种爱好，心灵永不空虚

现代都市生活中，很多人都觉得自己空虚、无聊、工作累，觉得什么都没劲儿。即使那些事业有成的人，他们每天忙里忙外，内心也依然很空虚。人们为什么会觉得空虚？因为缺乏自己真正的爱好。有爱好的人不会感觉空虚。有爱好，就有了自己的精神家园。不管外面如何风雨飘摇，只要他们回到精神家园，就能获得足够强大的心灵安慰。

青少年朋友们，虽然你们当下的主要任务是学习，但如果你们希望自己的生活与学习充满乐趣、心灵不再空虚，那么，就要学会培养自己的兴趣爱好。

萧伯纳是英国著名的剧作家，在他15岁的时候，由于家中贫困，支付不起学费，他只好辍学回家，开始走向社会。

在漂泊的那些年，他逐渐对文学产生了兴趣，开始把所有的喜怒哀乐都寄托在文字上。但最初的创作过程并不是一帆风顺的。他曾经写过5部长篇小说，但都遭到了出版社的拒绝。后来他开始反思，并决定进行喜剧写作，但令人遗憾的是，他的作品还是不断地被拒。

虽然经历多次打击，但萧伯纳并没有放弃，而是相信自己的努力终究会有回报。终于，功夫不负有心人，1923年，萧伯纳创作了历史悲剧——《圣女贞德》。这部剧公演后获得了空前成功，被认为是最佳的历史剧。

1925年，因为他在文学上的巨大成就，瑞典皇家学会授予他诺贝尔文学奖。萧伯纳成了享誉世界的伟大作家。

一个中途辍学的孩子，经历无数苦难，最终成为世界级的大文豪，这说明兴趣能带来强大的力量。一个人有了兴趣，就不会无所事事，反而会激发出源

源不断的热情，会找到前方的路。同时，有了兴趣，我们就能拥有积极向上的心态，就能克服人生路上的很多困难。

但是，我们毕竟是吃五谷杂粮的凡人，烦心的事不可避免。只是我们一定要培养几项兴趣爱好，如画画、看书、做瑜伽、听音乐、唱歌、看风景……值得一提的是一定要多看书，毕竟"腹有诗书气自华"。另外，聆听过古典音乐的耳朵、欣赏过世界名画的眼睛、吟诵过唐诗宋词的嘴巴，都会让你变得优雅起来！

阳光箴言

青少年朋友们，你可以培养的兴趣爱好有很多，比如：

1. 听音乐

音乐能以动感的声音表达情感。它所蕴含的宁静致远、清淡平和，可以使终日奔忙、身心俱疲的人得到彻底的放松。身处现代都市中的人，一定要懂一点儿音乐。在音乐的圣殿中，我们能暂时忘记生活的烦琐、不顺心，能获得音乐给予我们的心灵滋养。音乐是一种可以抚慰心灵的媒介，它可以和心灵产生共鸣，并把不良情绪释放出来；它还可以让你浮躁的内心恢复平静。

2. 运动

日常生活中，只要我们多参加运动，适当调节自己，就能获得轻松愉快的心情。因为运动的效果是积极的，它可以激发人积极的情感和思维，从而抵制内心的消极情绪。此外，运动时能促进大脑分泌一种化学物质——内啡肽。内啡肽可以帮助我们消除抑郁、焦虑、困惑以及其他消极情绪，通过改善体能，也能令我们增强自我掌控感、重拾信心。

3. 阅读

读你感兴趣的书、读使人轻松愉快的书，阅读时可以漫不经心，随意翻阅，但一旦发现一本好书，则要爱不释手。因为阅读时，你会沉浸在书的海洋里，会将尘世间的一切烦恼都抛到脑后。

4. 做好事

做好事能够帮你获得快乐、平衡的心理。做好事，你的内心会得到安慰、感到踏实；别人作出反应，自己得到鼓励，心情也会愉快。从自己做起，与人为善，这样才会有朋友。在别人需要帮助时，伸出你的手，施一分关心予人。仁慈是最好的品质，你不可能去爱每一个人，但应尽可能和每个人友好相处。

告诉孩子，心安就能做好事

青少年朋友，也许你也在担心很多问题，如自己的学业、以后的前途等，但你需要记住的一点是，现阶段的你，最大的任务就是学习。而要想学习效率高，你就必须让心安静下来。"世界上怕就怕'认真'二字。"说的就是如果我们能安下心来认真做一件事情，就没有做不好的。我们先来看下面一个故事：

周末，宁宁在房间做作业，不知道为什么，他总是静不下心来，甚至看到书本上的字就烦，刚好这会儿又是邻居家小雅练钢琴的时间。他甚至感觉到了小雅敲击琴键的声音，他还听到了楼底下大妈、阿姨们的说话声。这些声音都充斥在他的耳朵里，让他很厌烦。

这会儿，爸爸敲了敲门，走了进来，看到宁宁烦躁不安的样子，便问："孩子，怎么了？"

"爸，外面太吵了，我根本写不进去作业。"宁宁说。

"是吗？其实每个周末外面都有这些声音，小区搞活动的时候甚至比今天还热闹，那会儿，你不是都能安安静静地学习吗？"

"您说得也是，那我今天是怎么了？"

"其实，你学不进去是因为心不静，学习最重要的是静下心来。你这种情况可能和马上要中考有关，你害怕自己考不好，所以无形中给自己施加了压力。我看你这几天也睡不好、吃不下，想必都是因为这个吧。放下考试的压力，也许你就能心平气和了。"

"爸爸您说得对，但我该怎么减压呢？"

"你的压力就是中考这点儿事。其实，我和你妈妈从来没有要求你必须考上重点高中，你无须紧张，早上我还说带你去郊区的农庄走走，你说要做作业，我只好作罢。今天说好了，下周我带你去逛街，你不是看上了一双帆布鞋吗？买完东西我们再去看场电影，好不好？"

"嗯，听爸爸的……"

看到宁宁舒心地笑了，爸爸终于放心了。

故事中的宁宁为什么在学习时总是静不下心来？是因为外部环境太吵闹吗？当然不是，正如他父亲所说的，环境还是那个环境，只是他心中有事，才静不下心来。其实，无论是学习，还是做什么事，只有放下心中事，不再忧虑，才能做到"身心合一"。

阳光箴言

那么，对于青少年朋友们来说，怎样才能让心安静，不再忧虑呢？

1. 尝试着改变环境

如果你的心无法安静，你可以尝试着换一下环境，然后闭上双眼，深呼吸，慢慢地放松，多尝试几次效果会更好。

2. 对于复杂的问题多问问自己

如果你的忧虑是因为想的问题过于复杂，可以尝试着问自己，自己想这个问题究竟为什么，是什么让自己变成这样的。几次之后，你就能了解自己的困惑，进而从心底去除这个杂念。

3. 养成良好的睡眠习惯

如果你是"夜猫子"型的，奉劝你学学"百灵鸟"，按时睡觉按时起床，养足精神，提高白天的学习效率。

4. 学会自我减压，别把成绩的好坏看得太重

一分耕耘，一分收获。只要我们平日努力了、付出了，必然会有好的回报，又何必让忧虑占据心头，自寻烦恼呢？

5.学会做些放松训练

舒适地坐在椅子上或躺在床上，然后向身体的各部位传递休息的信息。先从左脚开始，使脚部肌肉绷紧，然后松弛，同时暗示它休息。随后命令脚腕、小腿、膝盖、大腿休息，一直到躯干。之后，用同样的方法再从右脚到躯干，然后从左右手放松到躯干。这时，再从躯干到颈部、头部、脸部全部放松。这种放松训练需要反复练习才能较好地掌握，一旦你掌握了这项训练，便能在短短几分钟内进入轻松、平静的状态。

摆脱焦虑的困扰，让一切顺其自然

对于青少年朋友来说，可能每天都面临着焦虑，比如，考不上一所好大学怎么办？考试前生病了怎么办？新同学不喜欢我怎么办……但无论如何，这都是未发生的事，此时的你只有摆脱这些恐惧和焦虑的困扰，才能以最好的状态迎接明天。

德国的一位哲学家曾讲过这么一段话：没有什么情感比焦虑更令人苦恼了，它给我们的心理造成巨大的痛苦。焦虑并非由实际威胁所引起，其紧张、惊恐的程度与现实情况很不相称。因此，通常来说，焦虑是无谓的担心。我们要彻底摆脱使人苦恼的焦虑，就要选择平静身心。

沐浴着和煦的春风，师父带着小和尚来到寺庙的后院，打扫冬日里留下的枯枝残叶。小和尚建议："师父，枯叶是养料，快撒点儿种子吧！"师父说："不着急，随时。"种子到手了，师父对小和尚说："去种吧。"不料，一阵风起，种子撒下去不少，也吹走不少。小和尚着急地对师父说："师父，好多种子都被吹飞了。"师父说："没关系，吹走的净是空的，撒下去也发不了芽，随性。"刚撒完种子，飞来几只小鸟，在土里一阵刨食。小和尚连轰带赶，然后向师父报告："糟了，种子都被鸟吃了。"师父说："急什么，种子多着呢，吃不完，随遇。"半夜，一阵狂风暴雨。小和尚来到师父房间，他哭着对师父说："这下全完了，种子都被雨水冲走了。"师父答："冲就冲吧，冲到哪儿都是发芽，随缘。"日子一天天过去了，昔日光秃秃的地上长出了许多新绿，连没有撒种子的地方也有小苗探出了头。小和尚高兴地说："师父，快来看呐，都长出来了。"师父依然平静如昔，说："应该是这样吧，随喜。"

这则故事告诉我们，人生无常，只要我们保持内心平静，那么，无论外面的世界如何变幻，我们都能不为情感所左右、不为名利所牵引，从而洞悉事物本质，坦然面对。

从这里我们可以看到，内心安宁，人就会活得更轻松。同时，内心安宁、不焦虑，也是让我们不断前进的保证。面对激烈的竞争，面对瞬息万变的环境，那些内心焦虑的人往往看不清自己，以至于不能及时察觉自身的缺点，尽快调整自己的发展方向，如此，必然会在学业和事业中落伍，最后被残酷的竞争淘汰。

阳光箴言

下面的一些自我调节方法或许有助于你早日摆脱焦虑：

1. 挖掘出引起焦虑和痛苦的原因

研究发现，很多焦虑症患者患病是有一个过程的，他们的潜意识中长期存在一些被压抑的情绪体验，或者曾经受过某种心灵的创伤，并且这些焦虑症状早已以其他形式体现出来，只是没有引起患者本人的重视。因此，生活中的我们，一旦发现自己有焦虑情绪，就应该及时地进行自我调节，把意识深层中引起焦虑和痛苦的事情发掘出来，必要时可以采取适当的方法进行宣泄。

2. 尽可能地保持心平气和

有句俗语叫：欲速则不达。要摆脱焦虑最忌急躁。当然，对于那些患焦虑症的人来说，这很有难度。

3. 必须树立起自信心

那些易焦虑的人，通常都有自卑的特点。平时，他们多半会看低自己的能力而夸大事情的难度，一旦遇到挫折，他们的焦虑情绪和自卑心理就更为明显。因此，当我们发现自己的弱点时，应该重视并努力改正，绝不能存有依赖心理，等待他人的帮助。树立了自信心就不害怕失败，如果十次之中有一次成功了，我们就会自信一分，而焦虑也会减少一分。

爱热闹的孩子，如何引导他学会独处

有本书上这样写道："能够忍受孤独的，是低段位选手；能够享受孤独的，才是高段位选手。"诚哉斯言！不同的人生态度成就不同的人生高度。一个真正有内涵的人，是懂得充实自己内心的人，如看一本书、写一行字、修理一个柜子、养一缸鱼、煲一锅汤、照料受伤的小动物等，这一切远胜于呼朋唤友、熙熙攘攘。他有坚定的内心和认知，不受世间观念的扰动，专注于工作和学习，并且独具一格。

"每天放学后，我宁愿去图书馆看看书，也不愿意和同学们去网吧上网。每读一本书，我都能获得不同的知识，有专业知识、人生感悟、风土人情、幽默智慧，我很享受读书的过程。每次从图书馆出来都已经是夜里十点了，看着路边安静的一切，风从耳边吹过，我真真切切地感到了内心的安宁。同学们都说我这人太宅了，但我觉得，我是在享受寂寞，内心有书籍陪伴，我从没感到过孤独。"

这是一个懂得享受寂寞的人的内心独白。的确，心与书的交流，是一种滋润，也是内省与自察。伴随着感悟与体会，淡淡的喜悦在心头升起，浮荡的灵魂也渐归平静，让自己始终保持纯净而又向上的心态，不失信心地融入现实、介入生活、创造生活。

也许你会问，"寂寞"二字究竟是褒义词还是贬义词？我们无须在意，但我们要明白，寂寞不等于孤独。一个人孤独，那是因为身边没有朋友；而一个人寂寞，那是自己给自己的独有空间。

其实孤独也是美丽的，孤独的是影，实在的是心，孤独的人能在孤独中完成他的使命。如果一个人兴趣无比广泛而又热烈，同时又感觉自己的精力无比旺盛，那么，他就不必去考虑他活了多少年这种纯数字的统计学，更不需要去考虑他那未知的未来。

阳光箴言

那么，寂寞时，青少年朋友们该如何充实内心呢？

1. 与书籍为伍

英国作家汤玛斯说："书籍超越了时间的藩篱，它可以把我们从狭隘的眼前，延伸到过去和未来。"的确，书籍记录了太多伟大的思想。在读书的过程中，我们能实现自我提升；我们能探索到很多未曾涉及的领域；我们更能从书籍中找到心灵的导师，从而看清自己、走出狭隘，最终达到丰富自我、提升涵养的目的。

2. 专注于学习

孔子说："德不孤，必有邻。"一个人如果能专注于当下的工作和学习，那么，他便能沉浸在自己的世界中，又怎会感到孤独呢？举个很简单的例子：炎炎夏日，农夫思考如何把稻子割完、学生一心要读完一本书，他们都是充实的，只有无所事事的人，才会觉得内心空虚、寂寞，需要与人为伴。

第三章

心态调节，
带领孩子清除内心的消极情绪

学会宽容，不要被仇恨冲昏头脑

人类是这个世界上情感最为复杂的动物，人们宽容、善良，有爱心，但也有一些负面的情感，比如仇恨。仇恨是人类情感的毒素，伤害别人，也伤害自己。刚刚步入人生之路的青少年朋友们，要不断培养自己宽广的胸怀，以包容的心对待生活中的人和事，不让仇恨有可乘之机，如此，你不仅能得到他人的认可，更能获得快乐。

在热带海洋，有一种奇异的鱼，名叫紫斑鱼。它的奇异之处并不在于它身上的斑，而是它浑身长满了毒刺。它们常常因为愤怒而用这些刺去攻击其他海洋生物，它们的内心越是仇恨，这种刺散发的毒性就越大，对其他生物的危害就越大。从紫斑鱼的正常生理机能来看，一条紫斑鱼一般能活到七八岁，但实际上，紫斑鱼活不过两岁，这是为什么呢？

问题还是在这些毒刺上：紫斑鱼利用这些毒刺攻击其他生物时，越是满怀"仇恨"，对别的鱼类伤害越深，对自己的伤害也就越深，因为它心中的"怒火"使自己五内俱焚，一命呜呼。

然而世间万物，被自己所伤的、自己败给自己的，又岂止是紫斑鱼呢？那些总是满怀仇恨的人，那仇恨之火不也在伤害他们自己、毁灭他们自己吗？

仇恨就像一粒种子，它最终会结出人际的不信任、敌意、怀疑之果。如果仇恨的种子被到处播散，那么，不仅会危害个人的生活，还会影响到整个社会。心怀爱与悲悯之人，如同天使有着洁白的翅膀；而心怀仇恨之人，则如同魔鬼有着可憎的面目。人类历史上，战争、迫害、屠杀等各种残忍行为的不断上演，正是因为仇恨的存在。

有句话说："谨慎使你免于灾害，宽容使你免于纠纷。"青少年朋友们，在纠纷面前，你要学会宽容别人。宽容是种高尚的善意，它能让人换位思考，处理好人际关系。若无宽恕，生命将被永无休止的仇恨和报复所控制。只有善于团结，才能得到友善的回报！

阳光箴言

具体来说，青少年朋友们可以用以下这些方式来排解内心仇恨：

1. 转换角度，找出事情良性的一面

每件事情都有两面性，有好的一面，也有坏的一面。人之所以仇恨，就是因为人只看见了坏的一面，如果你试着看好的一面，仇恨也许就会消除。

在排解内心仇恨的时候，你可以尝试说服自己：他之所以这样做，是有一定缘由的，我应该原谅他。然后慢慢地让自己接受现实，从心底理解和原谅他人，进而使仇恨情绪随着时间的推移逐渐淡去。

2. 学会宽容，懂得忍耐

很多时候，我们都需要宽容，宽容不仅是给别人机会，更是为自己创造机会。只有忘记仇恨、宽宏大量，才能与人和睦相处，才会赢得他人的友谊和信任，才会赢得他人的支持和帮助。"念念不忘"别人的"坏处"，最受其害的就是自己。

3. 找到令自己快乐的钥匙

在我们每个人的心中，都有一把"快乐的钥匙"，但很多时候，我们却把这把钥匙的掌管权交给了别人。我们的情绪很容易被周围的人、事、物影响，但你千万要记住，让你快乐的，始终是你自己。如果你的内心开始"恨"一个人，那么，你不妨记住：生活中有太多值得你去倾注热情的快乐之事，大可不必为自己的假想敌劳神费心。

告别孤僻，引导孩子敞开心扉

我们都知道，人离不开社会，任何人都需要与他人接触、交流，才能获得友谊和快乐。然而，我们发现，现实中有这样一类人：他们因容貌、身材、修养等因素而不敢与周围的人交往，逐渐产生孤僻心理。社会心理学家经过跟踪调查发现，在人际交往中，心理状态不健康者相较于心理健康者，往往更难获得和谐的人际关系，也无法从这种关系中获得满足和快乐。

周五的最后一节课，语文老师给大家布置了一篇话题作文，以"我最烦恼的事"为题目。第二周的作文课上，老师点评了一篇作文，是班上一个学习成绩较好的女生写的，其中有这么一段：

"我是一个女生，性格还是比较外向的，长相虽然算不上出众，但是自我感觉还可以。学习也不错，班里前十名，可就是人缘不好，可能是我比较好强，看到别的女生周围有一堆男女生和她说话，我就有点不自在。女生还好点，尤其是男生，好像都很反感我，看到他们和别的女生打闹，我也想参与，却不知道怎样加入他们。听我一个好朋友说，她的同桌跟她说对我比较反感，也没有说原因，还说不许我那个好朋友告诉我。虽然我知道了，但是我很无奈，或许是我说话的缘故吧。因为我真的不知道该怎样和男生们交谈，怎样才能让别的同学喜欢和自己说话、和自己有共同语言。我到底该怎么办？"

很多青春期的孩子都为人际关系而苦恼，想与人交往，但又不敢迈出第一步，害怕被人笑话。其实，心理障碍是造成人际关系不好的重要原因。孤芳自赏就是不健康心理的表现之一，究其原因，不外乎胆怯、害羞、自卑等。事实上，只要你大方一点儿，敞开心扉，摆脱孤僻的烦忧，你就能找到交往的乐趣。

阳光箴言

那么,青少年朋友们应如何消除孤僻心理呢?你应注意做到以下几点:

1. 完善个性品质

其实,只要你拥有良好的交往品质,走出恐惧的第一步,就能受到朋友们的喜欢,慢慢地心结也就解开了。"人之相知,贵相知心。"真诚的心能使交往双方心心相印,彼此肝胆相照,能使友谊地久天长。

2. 正确评价自己和他人

孤僻的人一般不能正确地评价自己,要么认为自己不如人,怕被别人讥讽、嘲笑、拒绝,以至于把自己紧紧地包裹起来,保护着脆弱的自尊心;要么自命不凡,不屑于和别人交往。孤僻者需要正确地认识别人和自己,多与他人交流思想、沟通感情,享受朋友间的友谊与温暖。

首先要自爱才有他爱,自尊而后有他尊。自信也是如此,在人际交往中,自信的人总是不卑不亢、落落大方、谈吐从容,而非孤芳自赏、盲目清高。自信的人对自己的不足有所认识,并善于听从别人的劝告与建议,勇于改正自己的错误。

3. 培养健康情趣

健康的生活情趣可以有效地消除孤僻心理。利用闲暇时间潜心研究一门学问或学习一门技术,写写日记、听听音乐、练练书法、种草养花等都有利于消除孤僻。

4. 学习交往技巧

你可以多看一些有关人际交往类的书籍,多学习一些交往技巧,同时把这些技巧运用到人际交往中。长此以往,你会发现,你的性格越来越开朗,你的人际关系也越来越融洽;同时,你会收获不少知识,认知上的偏差也能得到纠正。

我们要注意培养孩子的良性竞争

美国著名心理学家布鲁纳曾经指出，好胜的内驱力可以激发人的成就欲望，但如果人不能正确地认识竞争，就会在相互竞争中产生嫉妒心理。妒忌心过于强烈，且任其发展，则会形成一种扭曲的心理：心胸狭窄，喜欢看到别人不如自己，并喜欢通过排挤他人来取得成功。所以，任何一个青少年朋友，都应该积极参与同学、朋友间的竞争，但千万别让妒火焚伤自己。

在某小区门口，两个中年妇女在讨论自己的孩子："现在的孩子，怎么小小年纪就有妒忌心呢？对门张姐的女儿成绩好，我无意中夸了一句，女儿就愤愤不平地说：'老师包庇她。'起初我并没当回事儿，可在期末考试前，那女孩的几张复习试卷丢了，就来我们家向我女儿借试卷复印。女儿一口咬定卷子借给表妹了，可是女儿根本就没有表妹。而且那天晚上，我看见女儿的书桌上竟然有两份复习试卷，很明显，那女孩的试卷被女儿偷了。我当时真是六神无主了，女儿怎么会这样呢？我意识到问题的严重性，焦虑万分，因为任何思想成熟的人都明白妒忌是思想的暴君、灵魂的顽疾，我想帮助女儿改掉妒忌的陋习，可我真不知道该怎么办！"

其实，对于青春期的孩子来说，他们已经有了升学的压力，开始明白了竞争的重要性；同时，也会不自觉地与他人作比较。一旦发现自己在才能、体貌或家庭条件等方面不如别人时，就会产生一种羡慕、崇拜、奋力追赶的心理，这是上进心的表现。但因为青春期孩子心理发展尚未成熟，对自己各方面能力还认识不足，所以遇上比自己能力强的人就会感到不安，很容易产生妒忌心理。妒忌是对才能、成就、地位以及条件、机遇等方面比自己强的人产生的一种怨恨和愤怒相交织的复合情绪，也就是通常所说的"红眼病"。

所以，尚在成长中的青少年朋友，你应该学会正确地看待他人的成绩，要学会赶超，切勿妒忌。

阳光箴言

要消除妒忌心理，青少年朋友们需要做到：

1. 认识到妒忌心理的危害

人与人相处，难免会相互比较，比较之下，就容易产生妒忌心理。日本《广辞苑》为妒忌下的定义是："妒忌是在看到他人的卓越之处以后产生的羡慕、烦恼和痛苦。"要知道，妒忌之心会毁坏友谊，损害人际关系，甚至毁灭生活的安逸。

2. 努力克服妒忌心理

具体来说，你应该做到：

（1）努力学习是获胜的基础。要想在竞争中获胜，必须通过努力学习，掌握比别人过硬的本领。

（2）承认差异，奋进努力。现实中的人必然是有差异的，不是表现在这方面，就是表现在那方面。一个人承认差异就是承认现实，要使自己在某方面好起来，只有奋进努力，妒忌于事无补，而且会影响自己的奋斗精神。

（3）拓宽自己的心胸。好胜是个人心理结构中"我"的位置过于膨胀的具体表现，总怕别人比自己强、对自己不利。只有摒除私心杂念、拓宽自己的心胸，才能正确地看待别人、悦纳自己，即常说的"心底无私天地宽。"

（4）形成正确的自我认识。青春期正是身心发展的黄金阶段，因此，青少年朋友应该学会全面地看问题，要学会对自己和他人进行正确的评价。金无足赤，人无完人。每个人都有自己的长处，也有自己的不足。父母不但要正确地认识孩子，还要帮助孩子形成正确的自我认识。

（5）充实自己的生活。如果学习、生活的节奏很紧张、很充实，也很有意义，你就不会把注意力局限在妒忌他人上。因此，你应该学会充实生活，多参加一些有意义的活动，转移注意力，把精力放在学习和其他有意义的事情上。

（6）快乐之药可以治疗妒忌。你要努力从生活中寻找快乐，就像妒忌者随时随处为自己寻找痛苦一样。如果一个人总是想：比起别人可能得到的欢乐，我的那一点儿快乐又算得了什么呢？那么，他就会永远陷入痛苦，陷入妒忌之中。

引导孩子控制愤怒情绪，修炼良好心性

马克·吐温说："世界上最奇怪的事情是，小小的烦恼，只要一开头，就会渐渐地变成比原来厉害无数倍的烦恼。"而对于智者来说，面对烦恼，他们不会愤怒，因为他们深知，愤怒是十分愚蠢的行为，只会让自己陷入恶性循环。

对于青少年朋友来说，应把控制自己的情绪、抑制自己的愤怒作为修炼良好性格的重要方面。当你遇到了不快的事情即将发火时，请告诉自己，如果我原谅他了，我的品质就提升了一步，这样一想，自然就压制了要发火的倾向。

一位德高望重的长老，在寺院的高墙边发现了一把椅子，他知道有人借此翻墙到寺外去了。长老搬走了椅子，凭感觉在这儿等候。午夜，外出的小和尚爬上墙，再跳到椅子上，他觉得椅子不似先前硬，软软的甚至有点弹性。落地后小和尚定睛一看，才知"椅子"其实是长老。原来他跳在长老的身上，长老是用脊梁来接住他的。小和尚仓皇离去。这以后的一段日子里，他诚惶诚恐地等候着长老的发落。但长老并没有这样做，压根儿没提及这件"天知地知你知我知"的事。小和尚从长老的宽容中获得启示，他收住了心，再也没有去翻墙，通过刻苦的修炼，成了寺院里的佼佼者。若干年后，他成了寺院的长老。

这个小故事我们早已耳熟能详，它一直向我们昭示着一个道理：宽容是一切事物中最伟大的行为。我们在接受别人的长处之时，也要接纳别人的短处、缺点与错误，这样，我们才能真正地与人和平相处，社会才会和谐。

英国著名作家培根曾经说过："愤怒，就像是地雷，碰到任何东西都会一

同毁灭。"如果你不注意培养自己忍耐、心平气和的性情，一遇到导火线就暴跳如雷、情绪失控，就会把你自己好不容易积攒的人缘全都炸毁。

有句话说得好："好的情绪带你进天堂，坏的情绪带你住牢房，甚至会住进十八层地狱。"所以，每一个青少年朋友都需要告诉自己，"发火前长吸三口气"，会让自己平心静气。事实上，很多事情都没有你想象的那么严重。如果不能控制自己的情绪，随意大发脾气，不仅解决不了问题，还会伤了人与人之间的和气，这可谓是害己又害人。

阳光箴言

那么，青少年朋友们应该如何完美地处理生活中遇到的愤怒呢？

1. 认识自己发怒的原因

当你的情绪稍微冷静以后，你可以试着查找自己发怒的原因。你是否因为同学总是对你的体重或发型冷嘲热讽而气恼不已？你的朋友是否在背后说了你的坏话？事先想好发生这种情况时消除怒气的方法。

2. 使用建设性的内心对话

赫尔明指出："许多怒火中烧的人会不分青红皂白责备任何人和事，什么车子发动不了啦，孩子还嘴啦，别的司机抢道啦之类。使怒气徘徊不去的是你的消极思维方式。"既然想法是引发怒气的主要原因，那么，如果你是个容易愤怒的人，就应该加强内心的想法，准备一些建设性的念头以备不时之需。例如，"我在面对批评时，不会轻易地受伤""不论如何，我都要平静地说，慢慢地说"等。

当你能熟练这些"灭火"步骤时，你就会发现，自己花在生气上的时间越来越少，而花在完成工作上的时间也就相对地越来越多了。这样必定有用！只要你肯去试。

3. 不要说粗话

不管你说的是"傻瓜"还是更粗野的词语，一旦开口辱骂，就把对方列为了自己的敌人。这会使你更难为对方着想，而互相体谅正是消弭怒气的最佳秘方。

的确，愤怒是一种有害的情绪——无论男女老少，愤怒这种不良情绪都在毒害着我们的生活。因此，如果你常常动怒，那么，最好学会以上几点调节情绪的方法，从而熄灭愤怒的火焰。

告诉孩子要积极乐观地面对生活的挑战

人生苦短，有喜就有悲，只有放下悲伤，让内心装满快乐，才能轻松上路。同样，处在性格形成期的孩子们，你必须学会历练自己，学会自我调节，这样，在荆棘密布的人生道路上，无论命运之神把你抛向任何险恶的境地，你都能积极地面对、快乐地生活！

1985年9月19日清晨7时19分，墨西哥西南岸外太平洋底发生了8.1级强震，震波约2分钟到达墨西哥城。顿时，该城剧烈颤动，仅仅90秒的时间里，市中心30%的建筑物化为瓦砾。在这次地震发生的前几小时，可爱的胡安娜·哈斯敏·阿利亚斯出生了。在那场灾难中，她失去了妈妈，但同时她又是幸运的，因为她是当年警察和士兵们从墨西哥城华雷斯医院废墟里救出的第一个孩子。

长大后，胡安娜接受了墨西哥城特意成立的一个心理医生小组的治疗，积极的心理治疗让胡安娜跨过了那道艰难的坎儿。

爸爸因为无法承受失去妻子的痛苦而和年幼的胡安娜疏远。一直以来，她都住在姨妈家中。当别人问胡安娜"那场灾难让你失去了母亲，你有什么想法"时，胡安娜并不觉得又一次被触碰了伤疤，她反而觉得自己和身边的其他人没有什么不一样。对她而言，抚养她长大的姨妈给了自己全部的爱，就和母亲一样，妈妈能给予的，姨妈也毫无保留地给予了她。

胡安娜说，正因为知道自己能活下来是生命的奇迹，所以她要努力"朝前看"。后来，胡安娜完成了在墨西哥工业技术研究和服务中心的时尚设计课程，她希望在政府专项帮助"奇迹婴儿"项目资金的支持下，再去学习英语，并上完大学课程。

的确，胡安娜的心态是值得很多人学习的，灾难已经发生，就不要再回首，否则，你又会想起以前不幸的经历，伤疤会被重新揭开，隐隐作痛。把头抬起来，仰望天空，你会发现，天空依然星光灿烂。苦难有时会置人于死地或让人颓废，但有时也会使人爆发巨大的潜能，快速地成长。

每个青少年朋友都要向胡安娜学习，无论你在生活中遇到什么，你都要积极乐观地去面对，抛却那些伤心的往事，抛却那些失败的懊恼，若想开心地生活，就必须勇于忘却不幸，开始新的生活。莎士比亚说过："聪明的人永远不会坐在那里为自己的损失而哀叹，他们会用情感去寻找办法来弥补自己的损失。"

放下悲伤才能重新起航。青少年朋友们，当你拉开悲伤的黑幕，你会发现一轮火红的太阳正冲着你微笑，一缕缕阳光正温暖着你的心。请用一秒钟忘记烦恼，用一分钟想想阳光，用一小时大声歌唱，然后，用微笑去谱写人生最美的乐章。

阳光箴言

当遇到悲伤的事情时，青少年朋友们应如何应对呢？下面的一些想法可以帮你走出悲伤。

（1）过去的已经过去，一味地沉溺在过去的悲伤中，无济于事。

（2）无论你在人生的哪个阶段，即使被命运甩进黑暗，也不要悲观、丧气，这时候，你体内蕴藏的潜能最容易被激发出来。

（3）放下痛苦才能赢得幸福，放下烦恼才能赢得欢乐！

（4）我们每个人都有属于自己的快乐，只是你要找到它，并懂得去经营它。

困难也是孩子提升自己的契机

我们都知道人无完人，每个人都难免会犯错，但人也有知错就改的优点，人们大多数都能从错误中汲取经验教训，找到错误的根源，从而避免再犯。因此，青少年阶段的你们，在错误面前，不必自责悔恨，而应该学会总结经验教训。你要明白的是，反思可以让你成长，但反悔无济于事。你需要做的就是，不断反思自己的过失，在反思中进步。

曾经有两个年轻人失业了，他们来找拿破仑·希尔，向他询问如何才能变得积极起来。希尔说："我记得刚开始时，我供职于一家信息报道公司，这家公司的待遇并不好，不过我已经很满足了。后来，公司因为业绩不怎么样，不得不裁员，像我这样对公司毫无用处的人自然就在裁员之列了。果然，不久后，我就收到了公司的裁员通知。刚开始，我真是万念俱灰，我失业了，我不知该怎么接受。但我很快就冷静了下来，我发现，离开这个工作岗位是有好处的，因为我不喜欢这份工作，也不会有什么大作为，我只有离开这儿，才能找份好工作。果然，不久我便找到一份更称心的工作，而且待遇比以前好很多。因此我发现被辞退，居然是件好事。"

拿破仑·希尔总结，把失败转为成功，往往只需要一个想法和一个行动。我们发现，那些成功者，他们都是勇敢的、理智的，即使遇到了困难，他们也不会退缩，而是化悲痛为力量，把困难当成提升自己的机会。

有人说，人生像一只口袋，当封上袋口的时候，人们发现，里面装的全是没有完成的东西和令人遗憾的东西。但即使如此，我们也不要一味地沉浸在悔恨和遗憾中，如果陷入悔恨中，你就无法取得新的进步。

每一个青春期的孩子，若想取得进步，就都要走出悔恨和自责的心理误区，你应学会勉励自己："我要振作精神，跟命运搏斗，我要化痛苦为力量，设法有所建树。"实际上，在困难面前，我们停下来，歇歇脚步，自我反省一下，更利于我们看到并改正自己的不足。

阳光箴言

当然，在犯错之后，你难免心情不佳，要化失败为动力，你可以采取以下方法：

（1）仔细分析现状，找到自己的问题，不要怪罪于任何人。

（2）重新制订一份计划，必须考虑到前一次失败的原因。

（3）不妨想象一下自己获得成果的欢愉场景。

（4）收藏那些让你不快的记忆，把它们变成你未来成功的肥料。

（5）重新出发。

你必须再三践行这五个步骤，才能如愿达成目标。重要的是，每尝试一次，你就会增加一次收获，并离目标更近一步。

第三章
心态调节，带领孩子清除内心的消极情绪

抑制冲动，是孩子要学习的第一课

我们都是感性的动物，心情的好坏常常被周围的一些人和事影响。有些人甚至是情绪化的，他们的情绪似乎总是阴晴不定，不受自己控制，于是，他们起伏于这种恶性失衡之中，常常陷入自相矛盾的境地，失去了正确的判断力。而那些成功者则能自控，无论外界怎么变幻，他们总能以理智的心态面对，他们有着很强的自制力。青少年朋友们，现在的你们年轻气盛，容易冲动，但请记住：冲动是魔鬼，遇事须冷静。否则会让自己一败涂地，悔恨终生。从现在起，一定要做到自制，理智思考并克制自己的情绪。

曾经有这样一个故事：

有一个经验丰富的高级间谍被敌军抓住了。他想，要想逃脱，就必须装聋作哑。当然，敌军也怀疑他是否真的又聋又哑。于是，他们开始运用各种方法盘问他，无论是诱惑还是欺骗，他都不为所动。最后，敌军审判官只好说："好吧，看起来我从你这里问不出任何东西，你可以走了。"

这个间谍心里当然明白，这只不过是审判官检验他是否聋哑的一个方法而已。因为一个人在获得自由的情况下内心的喜悦往往是抑制不住的，如果他听到审判官的话后立即表现得很愉快或者激动，就证明他听得到审判官的话，那他便是不打自招了。因此，他还是站在原地，等待反复审问。最后，这名审判官不得不相信，他真的不是间谍。就这样，有经验的间谍以他特有的自制力生存了下来。

看完这个故事，我们不得不惊叹：多么精明的间谍！俗话说：态度决定一切。这就是说，一个人的情绪糟糕，容易冲动，往往会把一切事情都办砸。即

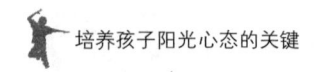

使遇到了好事或良机，也会因为不良的情绪而产生无形的压力，阻碍自己能力的充分发挥，以致错过这些机遇。

的确，在生活中，我们难免遇到各种各样的事情，有时冲动会让我们做出一些后悔的事情，以致造成许多令人遗憾的后果。因此，不管遇到什么事情，让自己冷静地思考一下，哪怕只是短短的几秒，也许结果就会完全不一样了！

阳光箴言

青少年朋友们要遏制冲动，千万别让冲动毁了你。具体来说，你需要做到：

1. 冷却情绪

美国一位社会心理学家对容易发怒的人提出了这样一个建议：试试推迟你的动怒时间。推迟动怒也就是控制愤怒。一旦你意识到可以推迟动怒时间，你便学会了自我控制。经过多次练习后，你便知道如何消除愤怒。

在气头上时，你很容易因冲动而做错事。因此，你首先应该冷静，为自己的情绪降温。具体来说，你可以尝试以下几种方法：

（1）数数法。这里的数数不要按照常规数字顺序，因为这样做并不会启动我们的理性程序，而应该打乱顺序，如1、4、7、10……这样一来，你的理性思考能力就可渐渐恢复了。

（2）描述法。比如，你可以这样描述，这个茶杯是黄色的、他穿的毛衣是黑色的，或数10~12个物体的颜色，之后你会发现自己冷静多了。

2. 理智思考，替换非理性的"自发性念头"

你要明白的一点是，真正让你产生不良情绪的是你的想法，而不是别人的行为。换句话说，不是发生了什么事，而是我们如何解释事件，是我们的思考方式决定我们产生的情绪。

例如，你可以告诉自己："我知道我的能力是极佳的，不会因为你的一句话而影响我！"这样自我暗示，愤怒自然会被其他情绪替代。

3. 你可以使用建设性的内心对话

既然想法是导致情绪的主因，容易动怒的人就应该准备一些建设性的念头以备不时之需。例如，"不论如何，我都要平静地说，慢慢地说""我才不会生气，生气就等于暴露了自己"等。

第四章

肯定自我,让孩子内心洒满阳光

心静了，才能听到动听的声音

这是一个浮躁的时代，每个人都为了自己的利益与生活而奔波忙碌着，我们甚至忙得无暇听任何声音。我们置身于喧闹的人群而丝毫不觉得喧闹，因为我们的心比人群更加喧闹。什么时候才能听到花开的声音呢？当你的心像黎明前的夜一样静谧的时候，你就能够听到花开的声音了。什么时候才能变得快乐呢？当你的心变得越发沉静的时候，那些属于你的躲藏在角落中的快乐，就会飘然而至。它们原本就存在，是你忽略了它们，要想找回它们，你首先应该找回自己。

卡利玛是一个富裕的农场主。一天，他来到自己的谷仓巡视，当他看到工人们有些偷懒时，便激动得破口大骂，在他指指点点的时候，手腕上名贵的金表无意中遗失在谷仓里。他遍寻整个谷仓，也没有找到心爱的手表。于是，他在农场门口贴了一张告示：谁能找到自己的金表，便悬赏100美元。面对重赏的诱惑，许多人蜂拥而至，无不卖力地四处翻找。奈何谷仓内谷粒成山，还有成捆成捆的稻草，要在其中找寻金表如同大海捞针，犹如登天之难。

到太阳下山时，人们仍然没找到，不是抱怨金表太小，就是抱怨谷仓太大、稻草太多。当他们一个个舍弃了100美元的诱惑，各自回家后，只有一个穷人家的小孩在人们离开之后仍不死心，继续努力寻找。他已经整整一天没吃饭了，为了100美元，他希望在天黑之前找到金表，解决一家人的吃饭问题。

天越来越黑，小孩在谷仓内不停地摸索着，突然，他发现，当一切喧闹停止时，有一个奇特的声音隐隐传来，那声音"嘀嗒、嘀嗒"不停地响着，小孩顿时停止寻找，谷仓内更加安静，嘀嗒声显得十分清晰。小孩最后循声找到了金表，得到了100美元，快快乐乐地回家了。

如果喧闹继续存在，孩子无论如何也找不到金表，当然，其他人也找不到，因为他们的耳朵里和内心深处都充斥着喧嚣。当夜幕降临，内心回归平静时，你就能听到那只金表在角落中发出的滴答声。你忽视幸福和快乐的过程是不是同样如此？看着别人奔波忙碌，你也迫不及待地忙碌着，甚至忘记了自己的内心。其实，不管什么时候，我们都要固守自己的内心，因为只有这样，我们才能听见花开叶落的声音，才能用心感受生命的美好。

阳光箴言

（1）外界的环境越嘈杂，我们就越应该保持内心的平静。

（2）在喧闹之中，我们的耳朵几乎失灵；而当内心平静时，我们的心能够听到花开的声音。

（3）快乐始终伴随着你，假如你过于喧闹，它就会吓得悄悄躲起来。

（4）给快乐和幸福一个和美的环境，这样它们才会从你身后悄悄探出头来。

告诉孩子永远要满怀希望地生活

人生是一段漫长的旅程，而且没有终点、没有回程。在人生的旅途中，没有人能够预料会发生什么、经历什么，更没有人知道人生的终点在哪里。然而，支撑着人们历经千难万险走下去的，就是希望。希望像是一盏明灯，为黑暗中的人们指引方向。假如没有希望，人生将会充满绝望，如一潭死水，毫无生气；假如没有希望，人生的路途将变得遥遥无期，没有尽头。当生活失意的时候，当你感到绝望的时候，不妨在心中为自己开一扇希望的窗户，让春风拂面，让世界充满鸟语花香。

有个囚徒，被关在牢房多年，每天看着四面空空的墙壁，感到心灰意冷。他多想看看外面生机勃勃的世界啊，哪怕每天只看一眼也好。牢房里有扇窗，很高很小。于是，囚徒把唯一的一张床拖到窗下，把被褥叠高，然后凭借床和被褥踮脚往窗外看。可是看过之后，他更加绝望了——窗外除了高墙，便是密如蛛丝的高压电网。没多久，这个囚徒便上吊自杀了。自杀前，他咬破手指，用鲜血在雪白的墙上留下遗言：给我一扇窗。

这个囚徒的死带给人很大的震动，特别是囚徒留在墙上的那句带血的遗言，引起了监狱领导的高度重视，让他们意识到了问题的严重性。于是，监狱领导逐级向政府部门申报，并恳请有关部门调拨资金重新对监狱的牢房进行科学改建。不久，政府下达批文，划拨了一笔庞大的改建基金。

说是改建，其实就是给每个牢房开几个宽大的窗户，让人能从里面看到外面的日出日落，听到附近的狗吠鸡鸣。经过简单的改建，奇迹出现了。越狱案越来越少，被减刑获得新生的囚徒越来越多，监狱的管理也越来越规范、轻松。后来，有记者采访该监狱的监狱长，问到管理监狱的秘密武器是什么。他只回答了一句话："在每个囚徒心里开一扇希望之窗。"多么精辟的一句话呀！在这个世界上，要想改造一个人，最有效的拯救方式莫过于改造其心灵了。

虽然我们不是囚徒，但是每个人的心中也是有一个牢笼的。当心情不好的时候，当感到绝望的时候，这个牢笼的空间就会无限缩小，使我们感到压抑，喘不上气来。假如我们能够在自己的心灵上开一扇大大的窗户，使我们的心灵感到轻松、充满希望，那么我们的人生也必将随之改变。

阳光箴言

（1）为自己的心房开一扇窗，让自己更多地感受到生活的美好。

（2）让自己的心中充满希望，充满阳光，充满鸟语花香。

（3）也许只需要一丝一缕的阳光，就能使人鼓起生的勇气。对于自己，千万不要吝惜这一丝一缕的阳光。

（4）墙上的窗，也是心上的窗，更是人生的希望之窗。

积极的自我暗示，能让孩子产生信心

从心理学的角度来说，心理暗示在日常生活中很常见，指的是人们很容易受到外界的愿望、观念、情绪、判断、态度等的影响。心理暗示不一定有根据，它只是一种被主观意愿肯定的假设，然而因为人们在主观上已经肯定了它的存在，所以人们从内心深处总是竭力地趋向于心理暗示的内容。正是因为心理暗示有着如此强大的作用，所以我们在日常生活中也可以用心理暗示的方法影响自己或者别人。很多时候，积极的心理暗示能够使被暗示者产生巨大的变化，甚至做出超出自己预期的成就。

博格斯是NBA（美国职业篮球联赛）历史上身材最矮的球员。他从小就非常喜欢玩篮球，并且梦想着能够参加NBA的比赛，但是他的父母并不看好他。父母觉得他太矮了，自身条件并非很好，那么多比他高的人都没有进NBA，他怎么能轻易进入NBA呢？即便如此，博格斯也没有放弃自己的理想，因为他始终坚信，只要自己肯努力，就一定能够创造奇迹。为此，博格斯不管寒冬酷暑，每天都坚持不懈地练习投篮、运球、传球等篮球技巧。与此同时，他还有目的地锻炼自己的体能，经常在球场与其他人进行篮球比赛。因为长期以来始终坚持锻炼，博格斯的篮球技能得到了很大的提高，赢得了无数次荣誉。即便这样，他身边的人依然不相信他有机会参加NBA比赛，因为博格斯的身高到了一米六之后就再也没有变化。要知道，即使是普通的篮球队，也不会愿意收这种身高的队员，更何况是NBA呢？

博格斯知道自己的优势和劣势，为了弥补自己的不足，他用了比别人多几倍的时间来练习篮球技巧，最终凭借自己的实力代表全镇参加比赛。迈出了

培养孩子阳光心态的关键

第一步之后，博格斯依然勤学苦练，最终真的成了NBA夏洛特黄蜂队的球员之一。虽然他不高，但他是NBA失误最少、表现最杰出的后卫之一。在球场上，他把自己身材矮小的劣势转变成优势，使自己变成了"一颗旋转的子弹"，灵活异常。毫无疑问，博格斯成功了，而他的成功源于他始终坚定不移地相信自己、肯定自己。

确实，世界上有很多看似无法完成的事情，其实并没有我们所想象的那么难，只要我们相信自己，不断地努力，我们就一定能够获得成功。要知道，很多人之所以失败，是因为他们从未开始，因为胆怯，他们放弃了原本属于自己的机会。"不可能"是懦弱者和胆怯者为自己寻找的借口，是人们对自己的否定和不信任。只有突破这个瓶颈，你才能超越自己，创造奇迹。

阳光箴言

（1）每个人都有自己的缺点和优点，我们要客观评价自己，正确认识自己。

（2）每个人都有缺点，我们不能因为缺点而限制自己的发展。

（3）扬长避短固然是重要的，如果像博格斯一样把自己的劣势变成优势，则更加令人欣慰。

（4）不管什么时候，我们都要相信自己、肯定自己，只有这样，我们才能拥有强大的力量。

生活有艰苦，但是能苦中作乐

生活就是心灵的一面镜子，你的心快乐，你看到的生活就快乐，你的心痛苦，你看到的生活就痛苦。不管谁的生活，其中都蕴藏着苦恼和快乐，因为这个世界上没有纯粹的快乐和纯粹的苦恼。快乐和苦恼之于生活，就像手心和手背，是不可分离的。

有一天，城郊的寺庙里来了一位富态的中年妇人。据她说，她最近老是失眠，无论面对多么鲜美可口的饭菜都没胃口，浑身乏力，懒得动，做什么事都没有激情，很想了却尘缘，遁入佛门……方丈是个懂得医术之人，他听那位妇人描述完，便说："不忙，待老衲先给施主把把脉如何？"妇人点头应允。把完脉，观完舌苔，方丈微微一笑："施主只是心中藏有太多的事情，体有虚火，并无大碍。"顿了一下，方丈接着说："只是施主心中藏着太多烦恼而已。"中年妇女被一语点醒，心里暗叹神奇，便把心中的事情逐一向方丈说明。方丈很随意地跟她聊着："你家相公与施主感情如何？"妇人脸上有了笑容，说："感情很好，耳鬓厮磨十几年从未红过脸。"方丈又问："施主膝下有无子女？"妇人眼里闪出光彩，说："一个小女，很聪明，也很懂事。"方丈又问："家里的布匹生意不好吗？"妇人赶忙摇头说："很好，家里算得上是镇上的富人家了……"

方丈铺开纸墨，边问边写，左边写着她的苦恼之事，右边写着她的快乐之事，然后把写满字的纸放到妇人面前，对妇人说："这张纸就是治病的药方。你把苦恼之事看得太重了，忽视了身边的快乐。"说着，方丈让徒弟取来一盆水和一只猪苦胆，把胆汁滴入水盆中，浓绿色的胆汁在水中淡开，很快就不见了踪影。方丈说："胆汁入水,味则变淡。人生何不如此?施主,不是您承受了太多的苦痛,而是您不善用快乐之水冲淡苦味啊!"

假如我们的心太苦,我们就无法感受到生活的甜;假如我们的心中满溢着甜,苦也就没有那么苦了。很多时候,不是生活本身多么糟糕,而是我们的眼睛没有发现生活中的快乐。所以,我们无须消除生活中的苦,只需要牢牢记住生活中的甜。

阳光箴言

(1)你的生活不可能全部是苦,你要试着发现生活的甘甜。

(2)不妨也像事例中的方丈那样拿出一张纸,为自己生活中的各种滋味列一个清单,看看是甜多还是苦多。

(3)当你发现生活中其实有很多快乐的事情时,烦恼就无法常驻你的心灵。

(4)我们要学会用快乐之水冲淡人生的苦味。

让孩子明白付出才有结果的道理

为了收获而播下的种子，未必能够长成参天大树，正应了古人所说的，"有心栽花花不开，无心插柳柳成荫。"真正的付出，是不计较回报的。真正的付出，是无私的，也是没有索求的。付出原本是一种享受，一种无心插柳的淡然。假如在付出的时候就设想了未来的收获，你的心中就会满载沉重的负荷，甚至使你感到巨大的压力。因此，想要付出的人，不妨随心播下付出的种子，至于收获多少果实，就让它顺其自然。

有一位智者收了众多门徒，他在几年里把自己的学识和领悟一点点地传授给了他们。

在这些门徒毕业前夕，智者想留下他们中的一位传承自己的衣钵，便召开了一次大会。在会上，智者宣布，他将一视同仁，让所有门徒参加这次考核。考核的题目很简单，就是让他们每人花一年的时间进行一次长途旅行，想传承他衣钵的人一年后再回到他身边汇报这次旅行的心得，接受他的考核。

从学多年，能传承智者的衣钵，当时是每位门徒的理想。大家听后，个个摩拳擦掌、跃跃欲试，这让智者甚感欣慰。门徒一一离开，智者满怀希望地等待着他们陆续归来。一年很快过去，结果让智者大失所望，众多门徒竟没有一位回归门下。一气之下，智者决定关门闭学，打算后半生不再开堂授徒，并跑到好友白隐禅师那儿大吐苦水。

白隐禅师闻后，微微一笑，把智者带到一棵树下，问："你还记得这棵树吗？"智者双手合十，毕恭毕敬地向树深深鞠了三个躬，然后回答说："我怎么能忘记呢，在我落难之时，全靠它替我遮阳蔽日、挡风拒雨，它已经长在我心底了。"

"对啊，在每位门徒心目中，你就是这样一棵树，他们都是在你身边栖息过的鸟。虽然他们没飞回来，但你已长在他们心里了。"

智者大悟。

不久，智者重新开堂设馆，广收天下门徒。

不求回报的付出才是真正的付出，想要得到回报的付出只能算是一种投资，既然是投资，就必然有心理落差，或多或少，总是难以使人心满意足。为了使自己更好地享受付出的乐趣，我们应该无私地付出，这样才能享受到给予的快乐。对于老师来说，在三尺讲台上辛勤耕耘的时候，老师们从没有想过学生事业有成之后会回报他们，这是真正的付出。在上述事例中，智者也有千虑一失的时候。他因为门徒没有回来继承他的衣钵而愤愤不平，却忘记了在他落难之时为他遮蔽风雨的大树已经长在了他的心里，这又何尝不是一种别样的回报呢？

阳光箴言

（1）付出就是付出，付出应该纯粹，而不应该有所希求。

（2）付出的人能够享受到给予的快乐，这种快乐本身就是一种回报。

（3）假如一个人在付出的时候就想着回报，他非但无法享受到付出的快乐，反而会给自己的心灵增添负担。

（4）门徒虽然没有回来继承师父的衣钵，但是，师父已深植于门徒的心中了。

（5）对于真心付出的人而言，在播下付出的种子以后，顺其自然就好了。

一旦改变了心态，命运也会随之改变

如果一个人是正确的，那么他的世界也就是正确的。原本非常简单的一个道理，很多人却无法领悟，更无法以这个道理指导自己的人生。假如我们能够正确认识到这个道理，那么，我们的人生就会少走很多弯路。

张杰是一名刚刚毕业的大学生，他在学校期间非常优秀，获得了老师和同学们的一致好评。然而，大学毕业以后，也许是因为现实太残酷，也许是因为张杰的心态不够好，总之，面对现实生活中的工作状态，张杰非常痛苦。曾经在学校担任学生会主席的他，面对工作的种种不如意，心理落差很大。一年多过去了，张杰的工作丝毫没有进展，他的心情也随之越来越糟糕。最终，他决定休息一段时间，去西藏旅游。

常言道，人有旦夕祸福。在西藏旅游的过程中，张杰乘坐的客车发生了侧翻，张杰身受重伤。卧床养病几个月之后，张杰终于恢复了健康。身边的人惊讶地发现，痊愈之后的张杰仿佛变了一个人。他不再愁眉苦脸，虽然工作的状况没有发生变化，但是他以饱满的热情投入生活和工作之中。当人们问张杰为何会有如此巨大的变化时，张杰说："我已经死过一次了，突然间看开了很多。对于我而言，这生活中的一切，都是命运给我的馈赠。我要爱生活，爱我身边的一切人和事，认真地活着。"

自从心态改变了以后，虽然外界的环境没有发生任何改变，但是张杰却变成了一个心态积极、乐观的人。改变自己，寻找并获得快乐，你准备好了吗？

培养孩子阳光心态的关键

阳光 箴言

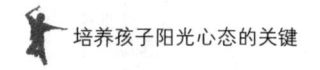

（1）不要再怨天尤人、自怨自艾了，从今天开始，闻闻花香、听听鸟叫，享受生活的馈赠。

（2）改变自己的心态，只有你能给自己真正的快乐！

（3）快乐是发自内心的，不是别人给予的，要主动地寻找快乐。

（4）先改变自己，再寻找快乐，你就一定能够获得快乐！

从小在孩子的心里撒下一颗充满阳光的种子

人的生命离不开阳光的照射，假如没有阳光，鲜花就不能绽放，大树就不能成荫，庄稼就不能丰收，人们就得终日生活在阴郁之中。而阳光，是我们心头的一盏灯，使我们在乌云遮蔽的生命旅程中从来不觉得孤单。很难想象，没有阳光，这个世界将会怎样。

冬日严寒，卧室的窗户整天紧闭着，屋里十分阴暗。有兄弟二人，年龄四五岁，他们看见外面灿烂的阳光，觉得十分羡慕。兄弟俩就商量说："我们可以一起把外面的阳光扫一点儿进来。"于是，兄弟俩拿着扫帚和簸箕，到阳台上去扫阳光。在阳台上，簸箕里很快就盛满了阳光，但是他们刚把簸箕搬到房间里，里面的阳光就倏地没有了。

哥哥挠了挠头皮一本正经地说："阳光太轻，我们要跑得再快一些，这样才能把阳光运到屋子里。"弟弟听后愣了一下，一跺脚就加快了往返的速度。可是，他们刚把簸箕搬到房间里，里面的阳光又没有了。他们并不气馁，一而再再而三地扫了许多次，可是屋内还是一点儿阳光都没有。

这时，正在厨房忙碌的妈妈看见他们奇怪的举动，问道："你们在做什么？"他们回答说："房间太暗了，我们要扫点儿阳光进来。"妈妈笑道："只要把窗户打开，阳光自然会进来，何必去扫呢？更重要的是，只要你们的心是光亮的，屋子里就不会存有阴暗的角落。"

看到上述两个孩子扫阳光进屋的趣事，我们的心中不禁充满了阳光。的确，不管是老人还是孩子，不管是男人还是女人，每一个人都需要给自己的心灵修剪杂枝，让灿烂的阳光照射进来。因为心里洒满阳光，我们才能够以积极乐观的态度去面对生活；因为心里洒满阳光，我们在身处逆境的时候，才能够放歌而行；因为心里洒满阳光，我们的生命才会更加精彩。

阳光箴言

（1）如果你觉得自己的心情很阴郁，不妨像那兄弟俩一样去扫一些阳光。

（2）不管什么时候，只要心中充满阳光，人生就充满希望。

（3）要想使自己的内心充满阳光，我们首先要拥有积极乐观的阳光心态。

（4）生活中，幸福与快乐取决于我们的内心，如果你想快乐，你就会感到快乐！

第五章

建立信心，
爱是让孩子自信的最好良药

第五章
建立信心，爱是让孩子自信的最好良药

孩子世界的大小取决于其心的大小

信心与成功之间的关系似乎很微妙，我们总是说不要好高骛远、不要眼高手低，而实际上，信心与这些截然不同。假如说好高骛远是空想，眼高手低是不付诸实践，那么信心则是对一件事情满怀必胜的信念，并且为此而付出执着的努力。只有这样，你才能获得成功。那么，你做到了吗？你成功了吗？

1949年，一位年仅24岁的美国年轻人走入了社会。因为他的父亲常跟他说"通用汽车公司是一家经营良好的公司"，所以他决定到通用公司去看看。

这位年轻人充满自信地走进美国通用汽车公司的大门，应聘会计一职。面试时，他的自信给应试考官留下了非常深刻的印象，而通用公司良好的工作作风也让他更加坚定了留在这里的决心。不过，当时会计的职务只有一个空缺，考官告诉他做会计工作十分艰苦，一个新手可能很难应付。然而，当时他只有一个念头，就是无论如何也要进入通用汽车公司，他认为只有在这里才能施展他的能力和才华。

后来，这位年轻人坚定的信念感动了应试考官，使其决定录用他。考官对自己的秘书说："也许你很难相信，我刚刚录用了一个想成为通用汽车公司董事长的年轻人。"

这位年轻人就是1981年出任通用汽车公司董事长的罗杰·史密斯。

与史密斯同在通用公司的阿特·韦华金后来回忆道："在我们最初开始合作的一个月中，罗杰一本正经地告诉我，他将来一定会成为通用的董事长。我当时觉得他是在说笑话，没想到他真的成功了。"

当然，在这个世界上，并非每个人都能成为通用的董事长，毕竟，这种巨大的成功并非谁都能获得的。不过，幸运的是，成功的定义有很多，并非只取决于一个标准。

要想获得成功，不管在哪个领域，你首先应该充满信心。试想，如果一个人刚开始就怀疑自己、否定自己，那么，他还能获得成功吗？当然不能。因为没有人愿意相信一个不自信的人，更没有人愿意帮助一个不自信的人。只有相信自己，充满自信，别人才会相信你，慷慨地帮助你、辅佐你，使你最终获得成功。

阳光箴言

那么，怎样才能取得成功呢？

（1）一定要为自己树立一个远大的目标，并且有计划地向着自己的目标奋进。

（2）一定要对自己有信心，只有坚定的信心，才能助你坚定不移地向着自己的目标前行。

（3）即使遇到困难，也不要放弃，让信心成为你的支柱，支撑着你渡过重重难关，最终抵达胜利的彼岸。

（4）只要你坚定信心，成功就一定会降临。

自信的孩子不会活在别人的眼睛里

在这个世界上，没有任何一个人想像一棵小草那样默默无闻地度过自己的一生，每个人都希望自己能够成为璀璨的星星，受到多数人的瞩目。对于地上的小草来说，天上的星星简直遥不可及。很多时候，有些人终其一生也无法走完这漫长的行程，于是默默无闻地度过了自己的一生。而有的人却能够轻而易举地走完这段行程，成就自己辉煌的一生。区别是什么呢？对于有同等能力的人而言，能否摆脱平庸、成为天上的星辰，关键在于能否自信、果敢地行动。大家都知道，自信是采取一切行动的推动力，而果敢则决定了你能否抓住转瞬即逝的机会，实现自己的宏伟志向。在生活中，有能力的人很多，自信的人却很少；曾经面临机会的人很多，能够果敢地抓住机会、采取行动的人却很少。这就注定了这个世界上平庸的人太多，而功成名就的人太少。

布鲁金斯学会是美国一家著名的培训机构，它以培养最杰出的推销员著称于世，从这里走出了数以百计的亿万富翁。该学会有一个传统，就是在每期学员毕业时，设计一道最能体现推销员能力的实习题，让学员去完成，完成的人会得到一只刻有"最伟大推销员"的金靴子。

这一年，恰逢克林顿当政，他们出了这么一个题目：请把一条三角裤推销给现任总统。8年间，尽管有无数学员为此绞尽脑汁，可是没有一个人成功。克林顿卸任后，布鲁金斯学会把题目换成：请把一把斧子推销给小布什总统。

学员们在得知8年来都没人能完成这种任务后，都觉得自己也不可能做到，不希望在这件事情上浪费时间，因此许多人都放弃了争夺金靴子奖。他们认为，现任总统什么都不缺少，即使缺少也用不着他们自己去购买，即使推销的物品换了也是一样。然而出人意料的是，2001年5月20日，一位名叫乔治·赫伯特的推销员成功地把一把斧子推销给了小布什总统，他得到了空置26年的金靴子奖。这是自1975年以来该学会的一名学员成功地把一台微型录音机卖给尼克松后，又一位学员获此殊荣。

一位记者在采访乔治·赫伯特的时候，他是这样说的："我认为，把一把斧子推销给小布什总统是完全可能的，因为小布什总统在得克萨斯州有一个农场，里面长着许多树。我相信我自己能够做到这一点。于是，我给他写了一封信，信中说，有一次我有幸参观您的农场，发现里面长着许多大树，有些已经死掉，木质已变得腐朽。我想，您一定需要一把小斧头。现在我这儿正好有一把这样的斧头，很适合砍伐枯树。假如你有兴趣，请按这封信所留的信箱，给予回复。最后，小布什总统果然给我汇来了15美元。"

布鲁金斯学会在表彰乔治·赫伯特的时候说："金靴子奖已经空置了26年。在这26年间，布鲁金斯学会培养了数以万计的推销员，造就了数以百计的亿万富翁。金靴子奖之所以没有授予他们，是因为布鲁金斯学会一直在寻找这么一个人，这个人不因别人说某一目标不能实现而放弃，不因某件事情难以办到而失去自信。"

不管什么事情，我们都要有自信，并勇敢地去尝试，这样才能真正地知道自己能否成功。在现实生活中，我们经常看到有些人因为与成功失之交臂而追悔莫及，实际上，这些人原本离成功只有一步之遥，他们所差的就是没有亲自去做。毋庸置疑，凡事在切实去做之前，都会存在一些可以预见的困难和阻碍，我们需要做的是想办法消除这些困难和阻碍，迎难而上，而不是被困难吓倒，知难而退。在这个世界上，倘若人人都被预见的困难吓得放弃，那么，就没有真正的成功者了。了解成功者的历史后，我们不难发现，大多数成功者都是知难而上才获得成功的。成功就如馅饼，从来不会从天而降。

阳光箴言

（1）不管别人说一件事情多么难，我们都应该亲自尝试。要记得寓言《小马过河》中告诉我们的道理，因为每个人的情况是不同的，所以，别人的经验不一定适合我们。

（2）做任何事情都有可能遇到困难和阻碍，我们不应该被这些虚幻的困难和阻碍所吓倒，而应该迎难而上，征服一切困难和阻碍。

（3）很多事情，只要开始了，就相当于成功了一半，因为成功从来不青睐空想家，而只青睐那些敢想敢干的人。

（4）你是一棵小草，要想变成璀璨的星辰，就要勇敢地迈出第一步。

告诉孩子尽早确定人生方向

不管在哪里行走，我们都需要一个方向。如果没有方向，不管你走出多远，也不管你付出了多少艰辛，都是无用功，你也不可能成功。方向是人生的指明灯，正如在跑步的过程中所有的运动员向着终点奋进一样。如果没有方向，不管你跑多少圈，还是离终点遥遥无期。做事情也是如此，只有方向明确，才能更加有效地实现自己的目标，达到人生的目的。所以，当你追求新生活的时候，当你改变自己人生的时候，你首先要为自己制订一个明确的目标。

比赛尔是西撒哈拉沙漠中的一颗明珠，每年都有数以万计的人来到这里旅游。但它在未经开垦以前，只不过是一个封闭落后的地方，这儿的人从小到大从未走出过沙漠。据说，这里的人不是不愿意离开这块贫瘠的土地，而是因为他们无论怎样尝试都走不出去。

有一个叫肯·莱文的人听说了这个奇怪的消息，他来到此地向这里的人打听原因，问了很多人，得到的答案都一样：从这里无论向哪个方向走，最后还是回到出发的地方。真的有这么奇怪的事？肯·莱文决定亲自尝试一下，他做了一个试验，从比赛尔村往北走，结果用了三天半的时间就走了出来。但是比赛尔人为什么会那样说呢？肯·莱文怎么也想不通，最后他雇了一个当地人，让他带路，看看究竟是为什么。他们带了足够半个月的食物和水，牵了两匹骆驼，肯·莱文什么也不说，只是跟在那个当地人身后。

10天过去了，他们走了大概400千米的路程，第11天早晨，他们果然又走回了比赛尔。不过这次肯·莱文明白了，比赛尔人之所以走不出沙漠，是因为他们根本不认识北极星，他们只是按照自己想的一直走。

在一望无际的沙漠里，一个人如果只凭着感觉往前走，他会走出许多大小不一的圆圈，最后的足迹十有八九是一把卷尺的形状。比赛尔村位于浩瀚的西撒哈拉沙漠中央，方圆上千千米的范围内没有一个参照物，若不认识北极星，又没有任何辨明方向的工具，想要走出沙漠，确实是不可能的。

试验结束后，肯·莱文告诉当地人：只要你白天休息，夜晚朝着北面那颗星星走，就一定能走出沙漠。当地人照此去做，果然走到了沙漠的边上。从此，当地人奉肯·莱文为比赛尔的开拓者，他的铜像被竖在小城的中央。铜像的底座上刻有一行字：新生活，从选定方向开始。

比赛尔村民无论如何也走不出西撒哈拉沙漠，并非他们没有能力走出去，只是他们没有方向，才总是回到原点。其实，解决这个问题很简单，那就是学会辨识方向，为自己确定方向，然后朝着一个方向不停地走，这样就不会再回到原点了，而是奔向新的生活领域。凡事都是如此，不管你是真真正正地走路，还是做其他事情，你都要为自己确立方向。一个人赶路，如果不选定方向，很容易误入歧途。人生之路也是如此。如果你想改变自己的生活，就从选定一个新的方向着手吧。

阳光箴言

那么，如何做才能不原地踏步，而走得更远呢？

（1）首先要学会辨识方向。走路的时候，我们一定要分清东南西北，要知道自己去往哪个方向。在人生的旅途中，我们一定要知道自己想要什么，知道自己的人生想要达到怎样的目标。

（2）其次是要确立方向。方向是根据目标确定的，如果你想去遥远的海南，那么你当然要一直往南走；如果你想去东北密林，那么你就要朝着东北方向走。人生中，如果你只想过着平淡安然的生活，那么你应该给自己制订一个安稳的生活目标，并且为之努力；如果你想出人头地，那么你必然要设立高远的目标，并且不遗余力地为自己的目标而努力奋进。

（3）不管遇到多少困难，我们都要坚定不移地朝着自己设定的方向努力，因为成功总是青睐那些有着顽强毅力的人。

（4）只要选定方向，并且为之不懈努力，你就一定能够创造出属于自己的新生活！

让孩子看到信心的力量

很多时候，我们总是过于在意别人的看法和想法，而忽略了自己的内心。一旦别人没有及时地肯定我们，我们就会忐忑不安，甚至开始怀疑自己。其实，所谓的自信，是自己给自己的，而不是别人给的。依靠别人的评价才能评估自己的人并非真正的自信，只有发自内心地对自己信任，才是真正的自信。真正自信的人，在遇到困难的时候，能够坦然面对，不会惊慌失措。真正自信的人，不会患得患失，更不会怀疑自己。有时候，我们因为缺乏自信而打起了退堂鼓，依靠别人给我们的支撑才得以渡过难关，殊不知，别人给的支撑只是一张白纸，真正的自信其实来源于内心。

从前，在法国的南部有一位年轻的姑娘，她天资聪颖、酷爱唱歌，但很少有登台表演的机会。这一天，机会终于来了，她被一个音乐团看中，受邀一起参加演出。这是她第一次登台演出，她内心十分紧张。站在后台，想到自己马上就要上场，面对上千名观众，她的手心都在冒汗，心想："要是在舞台上一紧张，忘了歌词怎么办？"越想，她心跳得越快，甚至产生了打退堂鼓的念头。

就在这时，一位前辈笑着走过来，随手将一个纸卷塞到她的手里，轻声说道："这里面写着你要唱的歌词，如果你在台上忘了词，就打开来看。"她握着这张纸条，像握着一根救命稻草，匆匆上了台。也许是因为有那个纸卷握在手心，她的心里踏实了许多。她在台上发挥得相当好，完全没有失常。观众给予她热烈的掌声，她成功走出了歌唱事业的第一步。

她高兴地走下舞台，走到那位前辈跟前向他致谢。前辈却笑着说："你不用感谢我，是你自己战胜了自己。你拥有自信，一切都可以实现。其实，我给你的是一张白纸，上面根本没有写什么歌词！"她展开手心里的纸卷，果然上面什么也没写。她感到惊讶，自己凭着一张白纸，竟顺利地渡过了难关，获得了演出的成功。

"你握住的这张白纸，并不是一张白纸，而是你的自信啊！"前辈说。她拜谢了前辈，并深深地记住了人生的第一次演出，她知道，自己在以后的演出生涯中，再也不需要那张歌词纸了。在以后的人生路上，她凭着自信，战胜了一个又一个困难，取得了一次又一次成功。

当你知道自信的背后只是一张白纸的时候，你就再也无所畏惧了。在生活中，我们也应该尽量抛弃那些盲目自信的白纸，有勇气独自面对一切挑战。很多时候，我们必须揭开自信的面纱，让自己真切地意识到，真正的自信其实来源于我们的内心。

阳光箴言

（1）当你觉得不自信的时候，你不妨问问自己怕的是什么。因为自信的那张白纸不仅别人能够给你，你也可以为自己准备。

（2）当你发现为自己准备的自信白纸其实毫无用处的时候，你就有了自信，有了独自面对挑战的勇气。

（3）两手空空地登上自己的舞台吧，只要你从容应对，你就能发挥出自己最真实的水平。

（4）从此，你抛开了自信的白纸，成了一个真正充满自信的人。

让孩子明白，你才是自己的"圣人"

很多时候，阻碍我们发展的力量并非其他人发出的，而是源自我们自己的局限性，因此，要想突破自己、超越自己，首先应该发现自己具有的无穷力量——认可自己，相信自己。假如你始终不相信自己，而把生活的希望寄托在别人身上，那么，你就无法释放自己的力量，最终只会限制自己的发展，一生默默无闻。这也就是人们经常说的"心有多大，舞台就有多大"。原来，一切都取决于我们的内心。曾经有位名人说过，一个人的成就绝对不会超过他内心的高度，这句话是有道理的。认可自己，改变自己，你准备好了吗？

1947年，美孚石油公司董事长贝里奇到开普敦视察工作。偶然间，他看到一位黑人小伙子正跪在地板上擦拭，奇怪的是，他每擦完一块地板，就要虔诚地叩一下头。贝里奇百思不得其解，就问小伙子是怎么回事。这位黑人小伙子回答说，他在感谢圣人。

贝里奇还是有点奇怪，他要感谢的圣人到底是谁呢？黑人继续解释说，他之所以能找到这份工作，一定是有圣人帮助他，是圣人让他有了饭吃。贝里奇笑了，他告诉黑人小伙子说："我也曾经遇到过一位圣人，这位圣人使我成了美孚石油公司的董事长，我可以引见你认识他，你愿意去拜访他吗？"黑人说："我是个孤儿，从小由教会抚养长大，我很想报答教会的养育之恩，如果这位圣人能让我在养活自己的同时，还有余钱来了却心愿，我非常愿意去拜访他。可是，如果我离开去拜访圣人，我的饭碗就保不住了。"

贝里奇说："你知道南非有一座很有名的大温特胡克山吗？我所说的圣人，就住在那里。他能为人指点迷津，所有经过他点化的人都会有一个大好前程。20年前，我到南非登上了那座山，找到了那位圣人并得到了他的指点，所以我才有了今天的地位。如果你愿意去，我可以替你向你们的经理说情，准你一个月的假。"

于是，黑人小伙子向南非出发了。在那30天里，他一路披荆斩棘、风餐露宿，过草地、穿森林，历尽艰辛，终于登上了白雪皑皑的大温特胡克山。他在山顶徘徊寻找了一天，却谁都没有遇到。

黑人小伙子失望地回到了开普敦，当贝里奇问他看到了什么时，他懊丧地说："很抱歉，董事长，我在山顶上找了一天，可是我发现，那里除了我自己以外，根本没有别人。"

贝里奇大笑道："你说得对！除了你自己之外，根本没有别人能给你指点迷津。"

20年后，这位黑人小伙子成了美孚石油公司开普敦分公司的总经理。2000年，他作为美孚石油公司的代表参加了在上海举办的世界经济论坛大会。在一次记者招待会上，记者让他谈谈自己传奇般的经历，他只说了这么一句话："你认可自己的那一天，就是你遇到圣人的时候。"

很多人期待会有别人来帮助自己，其实，在这个世界上，能帮助你成功的就是你自己。当你认可自己的那一天，也就是你拨开迷雾走向成功的那一天。

阳光箴言

（1）这个世界上，唯一能够掌握你命运的就是你自己，你就是自己的圣人。

（2）不管什么时候，我们都应该立志高远，规划好自己的未来，而不要只盯着眼前的那一亩三分地。

（3）当你认可了自己，并且坚持不懈地努力开拓自己的人生，你离成功也就不远了。

（4）不管什么时候，都要相信自己是命运的主宰，都要牢记自己的命运握在自己的手中。

第五章
建立信心，爱是让孩子自信的最好良药

母爱是对孩子最大的支持

生活不总是一帆风顺的，就像大海有风平浪静也有惊涛骇浪，天气有风和日丽也有电闪雷鸣，要想越过坎坷、走出逆境，我们就要坚持，而坚持的力量源于信念。在广袤无垠的土地上，信念恰如那一粒粒充满生命力的种子，即使土地贫瘠、天气干旱少雨，它们也能默默地忍耐和坚持，直到破土而出、开花结果。

有一个女孩，高中毕业后没考上大学，被安排在本村的小学教书。

结果，上课还不到一周，由于讲不清数学题，她被学生轰下台，灰头土脸地回了家。母亲为她擦眼泪，安慰她说："满肚子的东西，有的人倒得出来，有的人却倒不出来，没必要为这个伤心，找找别的事儿，也许有更合适的事情等着你去做。"

后来，她又随本村的伙伴一起外出打工，但不幸的是，她又被老板轰了回来，原因是裁剪衣服的时候手脚太慢，别人一天可以裁制出六七件，她仅能裁制两件，质量也不过关。母亲对女儿说："手脚总是有快慢的，别人已经干了好多年，而你一直在念书，怎么快得了？"说完，便为女儿打点行装，准备让她到另一个地方去试试。

女儿先后当过纺织工，干过市场管理员，做过会计，但无一例外都是半途而废。然而每次女儿失败沮丧地回来时，母亲总是安慰她，从来没有抱怨过。

女儿三十多岁的时候，凭着一点语言天赋，做了聋哑学校的一名辅导员。后来，她开办了一家属于自己的残障学校。再后来，她在许多城市开办了残障人用品连锁店，如今是一个拥有几千万元资产的老板。

有一天，功成名就的女儿向年迈的母亲问道："妈，那些年我连连失败，自己都觉得前途渺茫，可你为何对我那么有信心呢？"母亲的回答朴素而简单："一块地，不适合种麦子，可以试试种豆子；豆子也种不好的话，可以种瓜果；瓜果也种不好的话，撒上些荞麦种子也许能有收获。一块地，总会有一粒种子适合它，也总会有属于它的一片收成……"

听完母亲的话，女儿落泪了。她明白，实际上，母亲恒久不绝的信念和爱，就是一粒最坚韧的种子，她的奇迹，就是凭借这粒种子的执着而生长出的。

不优秀没有关系，这个世界上总有一个人欣赏我们，那就是母亲；失败了没有关系，这个世界上总有一个人会敞开胸怀接纳我们，那也是母亲。在上述事例中，主人公最终之所以能够取得成功，就是因为她的母亲始终默默地支持她、无条件地信任她。

阳光箴言

（1）面对被轰下讲台的女儿，母亲没有一句责备，而是让女儿去找更适合她的事情做。此后，直到女儿获得成功，母亲一直这样包容和爱护女儿。这是每一位母亲的职责。在母亲看来，孩子需要的不是求全责备，而是包容、理解、支持和信任。

（2）母亲始终坚定不移地相信女儿一定能够有所成就，只是女儿还没有找到适合自己的事情而已。在母亲耐心的等待中，女儿终于找到了适合自己的领域。母爱，是天底下最耐心、最恒久的等待。

（3）女儿成功了，她知道，是母亲对她的信心支撑她走到了如今。

（4）母亲恒久不绝的信念和爱是一粒最坚韧的种子，在爱的滋养下，它能够帮助女儿创造生命的奇迹。

鼓励孩子大胆追梦

梦想就像一盏引航灯，指引着我们的人生之舟朝向既定的方向航行，帮助我们实现梦想。然而，在现实生活中，大多数人都没有实现自己的梦想，究其原因，是他们没有坚持自己的梦想，没有将它当成自己人生的引航灯，只是把它作为一个纯粹的梦想、一个说说而已的梦想，说完了，就抛诸脑后了，就忘记了。而那些凤毛麟角的成功者，他们之所以成功，恰恰是因为他们坚持了自己的梦想，始终在为自己的梦想不懈地努力。也许你会说你也有梦想，但是，你切实去做了吗？梦想的实现不是源于口头或者一时的想法，而是源于长久不懈的努力和一点一滴的积累。

有个叫罗迪的英国退休教师，一天，他在阁楼上整理自己的物品，发现了一叠练习本。这是他50年前所教的那批学生的作文，题目是：未来我是……

罗迪随意地翻着，很快他就被孩子们那些五花八门梦想吸引住了：一个小家伙说，未来的他会成为海军大将，指挥着全国的海军部队，威风得很；有一个男孩说自己将来会成为法国总统，因为他的爷爷是个法国人；有一个小姑娘说，她将来会成为王妃，和王子坐着南瓜车，住在城堡里；有一个盲童说，自己想成为内阁大臣；还有想成为海豚训练师的，有想当领航员的，有想成为香水制造师的……孩子们的梦想千奇百怪，天马行空。

看着看着，罗迪忽然产生了一个想法：曾经有过梦想的孩子，现在在做什么呢？他们是否实现了当初的梦想呢？他想把这些本子还给50年前的那些孩子。于是他在很多报纸上刊登了这则启事。

一年过去了，那叠练习本渐渐都被人领走了。他们感谢老师还留着50年前的作文，他们看到自己当初的梦想，都感动得流下了眼泪。可是，他们谁也没有实现自己的梦想。最后，还剩下一个练习本没人认领，它的主人就是那个想成为内阁大臣的盲童大卫。罗迪想，也许大卫无法看到报纸，不知道这个消息吧。

就在罗迪想把那个本子收藏起来的时候，他收到了内阁总理大臣布伦克特的一封信。他在信中说："亲爱的罗迪老师，那个叫大卫的孩子就是我。感谢你还为我们保存着儿时的梦想，但是我想我不需要那个本子了，因为从种下那个梦想起，它就一直存在于我的脑海中，我一天也没有忘记。50年过去了，我可以自豪地说，我实现了那个梦想！"

作为老师，罗迪一定认为那个盲童的梦想在所有学生的梦想中是最难实现的，因为他的双目看不到任何东西，这就注定了即使他像常人一样生活也必须付出加倍的努力，更何况成为内阁大臣呢？出乎他意料的是，在所有健全的学生之中，没有人实现了自己的梦想，只有这个盲童实现了——他成了内阁总理。因为他一直把梦想刻在自己的脑海里，甚至实现了自己的梦想。从大卫的身上，我们应该得到启迪：从今天开始，把自己的梦想刻在心里。

阳光箴言

（1）不要因为有些事情遥不可及就放弃。随着时间的流逝，只要你不断地努力，它终将被实现。

（2）梦想即使非常遥远，只要你一步一步脚踏实地，终有一天，你会实现自己的梦想，甚至超越自己的梦想。

（3）你想成为怎样的人，你最终就会成为怎样的人。你的未来取决于你的梦想和决心。

（4）从今天开始，为自己树立一个远大的理想，并且将它深深地刻在脑海中吧，它会指引你不断地走向成功！

第六章

打磨自己，
让孩子经受挫折才能更好地成长

激发孩子的忧患意识，使其主动进步

在自然界中有一个非常奇怪的现象，那就是如果没有天敌的存在，一个物种就会渐渐退化。这就是自然界优胜劣汰的自然法则。因为有天敌存在，一个物种总是存在于危险的环境之中，为了生存，它们必须更加机警灵活。所以，很多时候，野生动物园为了使一个物种得以存在，或者为了使它们生存得更好，往往会在它们生存的区域投放一些天敌。

有个小孩子，见一只蝙蝠掉在地上，挣扎了好长时间也没有飞起来，便开始纳闷儿了：奇怪呀，蝙蝠是非常灵巧的动物，怎么落到地上之后就飞不起来了呢？

带着这个疑惑，儿子去求助父亲。父亲把他带到了一个山洞里面，只见山洞的洞顶和洞壁上倒悬着无数只蝙蝠，但是没有一只栖落在地面上。

见儿子一副不解的样子，父亲就说："这是蝙蝠给自己的一片危崖。"

蝙蝠为什么要给自己一片危崖呢？儿子还是不解，它这样做岂不是让自己每时每刻都处在危险中吗？

父亲笑着告诉他："蝙蝠一旦脱离了攀附的洞壁，就会直接摔在地上。为了避免坠落而亡，蝙蝠只有尽全力地扑打着翅膀，努力使自己向上、再向上，这样我们才看到了灵巧飞翔的蝙蝠……"

可是，为什么蝙蝠掉到地上之后就再也飞不起来了呢？

父亲接着解释道：蝙蝠一旦掉在了地上，就再也没有悬挂在洞壁上那种"生的危险，死的威胁"的感受了。没有这种生死攸关的感受，蝙蝠也就不可能竭尽全力地去飞，以致它再也飞不起来了！

培养孩子阳光心态的关键

蝙蝠故意把自己悬挂在悬崖峭壁上，使自己置身于危险之中，时刻保持清醒，这样它们有了危机意识，才能飞得更灵巧。而掉在地上的蝙蝠，则因为落在没有危险的地面上，反倒没法飞起来了。这种规律看似难以理解，其实很深刻。而且这种规律不仅适用于自然界的各种生物，同样适用于人类。众所周知，温室里长大的孩子是禁不起风雨的，反倒是那些家境坎坷的孩子更容易成才，也正是这个道理。

在职场上，真正成功的职场人士从来不会安于现状，每当实现一个目标之后，他们就会给自己制订一个更加高远的目标，使自己始终处于努力拼搏的过程中。其实这个更加高远的目标就是职场人士的危崖。

娜娜和莉莉在同一个部门工作。她们的部门很清闲，每天朝九晚五，只需要做一些基本的工作就可以了，从来不像销售部门那样充满了"血雨腥风"。娜娜对自己的工作很满意，她每天都悠然自得，看到销售部门的同事们整日绞尽脑汁地去拼搏、奋斗，娜娜庆幸地说："幸亏我不是销售部门的，他们虽然工资高点儿，但是脑细胞不知道死了多少呢！"让娜娜想不到的是，一个月之后，莉莉居然主动申请调到销售部门。娜娜劝说莉莉不要这么轻易地放弃如此清静悠闲的工作，莉莉却坚持去历练。

几年过去了，娜娜依然过着清闲自在的生活，而莉莉取得的成就却令人大吃一惊。经过几年的奋斗拼搏，如今的莉莉已经是销售部门的经理了。因为她的业绩始终非常突出，所以总经理特别器重她，破格为她配了车，安排了高级公寓。据说，总经理有意培养莉莉成为自己的接班人呢。

如今看着高高在上的莉莉，娜娜再也不认为自己的工作是天底下最好的工作了！

一分耕耘，一分收获。可以想象，原本做清闲工作的莉莉刚转到销售部门的时候该是多么艰难，然而她还是义无反顾地为自己选择了具有挑战性的工作。事实证明，她的付出得到了回报。而娜娜呢，如果不出预料，她的一生都将平淡无奇，因为做惯了清闲的工作，她早已无法适应竞争激烈的环境了。

阳光箴言

（1）温室中的花朵经不起风吹雨打，温室中长大的孩子难以担当重任。

（2）有竞争才有压力，有压力才有动力，要想出人头地，我们首先要为自己找一片危崖。

（3）生活不要过于安逸，因为安逸的生活容易使人意志消沉、丧失斗志。

（4）风雨不可怕，因为那是对我们最好的历练。

指导孩子如何对待优势和劣势

不管在生活中还是在工作中，每个人都有自己的特长和短处。然而事情的结果往往使人大跌眼镜，人们总是在自己熟悉的领域或者专长上跌大跟头；反而那些他们原以为自己肯定做不好的事情，他们做得很好，没有丝毫纰漏，这是为什么呢？这是因为人们在自己不熟悉的领域或者不擅长的方面总是非常小心谨慎，生怕出现纰漏，一旦转入他们所熟悉的领域或者是擅长的方面，他们就心生骄傲，认为自己在这方面非常熟悉，即使闭上眼睛，也能够把事情做好。这就是人们更容易把熟悉的事情搞砸的原因。

从前，有三个旅行者住在一家旅店里。白天，他们各自出去办事，一个旅行者拿了一把伞，另一个旅行者拿了一根拐杖，第三个旅行者什么也没有拿。

恰巧，行至半路时，瓢泼大雨倾泻而下，晚上归来，拿伞的旅行者被淋得浑身是水，拿拐杖的旅行者跌得满身是伤，而第三个旅行者却安然无恙。于是，第一个旅行者很纳闷，问第三个旅行者："你怎么没有事呢？"第三个旅行者没有回答，而是问拿伞的旅行者："你为什么会淋湿而没有摔伤呢？"拿伞的旅行者说："大雨来临的时候，我因为有了伞，就大胆地在雨中走，却不知怎么淋湿了；当走在泥泞坎坷的路上时，我因为没有拐杖，所以走得非常仔细，专挑平稳的地方走，所以没有摔伤。"

随后，第三个旅行者又问拿拐杖的旅行者："你为什么没有淋湿而摔伤了呢？"拿拐杖的人说："大雨来临的时候，我因为没有带雨伞，便挑能躲雨的地方走，所以没有被淋湿；当走在泥泞坎坷的路上时，我便用拐杖拄着走，却不知为什么常常跌跤。"

第三个旅行者听后笑笑说:"这就是你们拿伞的淋湿了、拿拐杖的跌伤了,而我却安然无恙的原因。当大雨来时我躲着走,当路不好时我细心地走,所以我既没有淋湿也没有跌伤。你们的失误就在于你们有凭借的优势,便少了忧患意识。"

故事听起来似乎匪夷所思,带伞的人淋湿了但没有跌伤,带拐杖的人没有淋湿却摔伤了,反倒那个没有带伞也没有拿拐杖的人安然无恙。而这一切,都是因为缺少忧患意识。其实不仅生活中适用这个道理,工作和学习中同样适用。

阳光箴言

(1)越是熟悉的、擅长的领域,我们越容易因为粗心大意而犯下很多错误。

(2)即使自己在某一方面具有优势,也不要因此而沾沾自喜,否则就很容易因为骄傲而栽跟头。

(3)不管什么时候,都要具有忧患意识,这样才能时刻保持清醒和谨慎。

(4)要想不犯错误,千万不能粗心大意,更不能洋洋得意。

不让孩子被困难吓倒

只是一味地假想困难有多么巨大,无异于自己吓唬自己,你会知难而退。而要想使自己不再惧怕困难,直至战胜困难,最好立即展开行动。在实际的行动过程中,你会发现,困难其实并没有你想象得那么可怕,并且随着你不断地深入,困难会变得越来越小。由此,我们可以得出一个结论,困难在想象中变大,在行动中变小,要想战胜困难,最好的办法就是立即展开行动。

迈克今年刚刚大学毕业,在应聘时,他被当地的《时事报》看中,做了该报社的一名记者。在刚上班不久的这一天,他的上司交给他一个任务:采访大法官利达。

第一次接到重要任务,迈克不是欣喜若狂,而是愁眉苦脸。他想:自己任职的报纸又不是当地的一流大报,况且自己只是一名刚刚出道、名不见经传的小记者,大法官利达怎么会接受自己的采访呢?同事卡卡得知他的苦恼后,拍拍他的肩膀,说:"我很理解你。让我来打个比方,这就好比躲在阴暗的房子里,然后想象外面的阳光多么炽烈。而外面的阳光是否炽烈,最简单有效的办法就是往外跨出第一步。"

说罢,卡卡拿起迈克桌上的电话,开始查询利达的办公室电话。很快,他与大法官的秘书通上了话。接下来,卡卡直截了当地道出了他的要求:"我是《时事报》新闻部记者迈克,我奉命采访法官,不知他今天能否接见我呢?"旁边的迈克吓了一跳。

卡卡一边打电话,一边向目瞪口呆的迈克扮了个鬼脸。接着,迈克听到了他的答话:"谢谢你。明天1点15分,我准时到。"

"瞧，直接向人说出你的想法，不就行了吗？"卡卡向迈克扬扬话筒，"明天中午1点15分，你的采访定好了。"旁边的迈克面色转好，似有所悟。

多年以后，昔日羞怯的迈克已成了《时事报》的资深记者。回顾此事，他仍觉得刻骨铭心：从那时起，我学会了单刀直入的办法，做虽不易，但很有用。而且，第一次克服了心中的畏怯，下一次就容易多了。

也许，有了第一次单刀直入地展开行动的经验，迈克才开始了勇敢的行动。假如不是卡卡的实际行动给了迈克以信心和勇气，也许他还在畏难的边缘徘徊。其实，很多事情看起来很难，那只是因为我们还没有真正去做，一旦真正去做了，你就会发现，很多困难都是可以克服的，原本想象中很难的事情也变得容易了。虽然人们常说凡事要三思而后行，但假如思虑太多，也会牵绊我们行动的脚步。我们只要从大方向上把握自己的行动就可以了，因为我们永远不可能在想象中解决所有的困难，而只能在行动中解决所有的困难。

阳光箴言

（1）在做一件事情之前，我们可以设想会遇到哪些困难，但是不要被这些困难吓倒。

（2）困难也许比我们想象中的多，也可能比我们想象中的少，这一切都要在真正展开行动后才知道。

（3）办法永远比困难多，只有抱定这个想法，我们才有勇气去做。

（4）不要被自己想象中的困难吓倒，因为随着事情的不断变化，既会出现很多不可预见的困难，也可能出现很多意想不到的转机。最重要的是，你要有一颗坚强勇敢、坚定不移的心。

引导孩子学会选择，才能使其更好地面对人生

生活中，我们难免面对取舍，要做出抉择。这个时候，内心的煎熬是不言而喻的，因为我们既不想放弃此，也不想失去彼。其实，选择本身比我们做得如何更加重要，因为一个好的选择能够帮助我们做到很多仅凭自己力量无法做到的事情。会选择的人，能够更好地面对人生的百般境遇，从容地应对人生的各种难题。而不会选择的人，在面对选择的时候，往往手忙脚乱，无法应对。由此可见，学会选择是很重要的。

有一家公司出了这么一道面试测试题：

一天，你开着一辆车回家，那是一个暴风雨的晚上，雨下得很大，经过一个车站时，有三个人正在焦急地等公共汽车。其中一位是面临死亡的病人，他需要马上去医院。还有一位是个医生，他曾救过你的命，你做梦都想报答他。剩下的还有一个女人/男人，他是你做梦都想嫁/娶的人，也许错过这次就不会再有第二次机会了。

但你的车只能再坐下一个人，你会如何选择？每一个人的回答都有他自己的原因：病人快要死了，你首先应该救他。你也想让那个医生上车，因为他救过你，这是个报答他的机会。还有就是你的梦中情人，错过了这个机会，你可能永远不会遇到一个让你这么心动的人了。

在前来应聘的100个应聘者中，只有一个人被雇佣了，他并没有解释他的理由，他只是说了以下的话："给医生车钥匙，让他带着病人去医院，而我则留下来陪我的梦中情人一起等公车！"在听到这个答案后，每一个前来应聘的人都认为他的回答是最好的，但几乎所有人一开始都没想到，而只有这个人，给

出了最好的答案，并在这个工作岗位上成就了自己的事业。

在那100个应聘者中，被雇佣的那个人无疑给出了最完美的答案。他既照顾到了需要就医的病人，又考虑到了梦中情人的感受，而且报答了救过自己的医生。面对如此面面俱到的选择，相信其他的应聘者肯定都佩服得五体投地。在生活中，假如我们也能够恰到好处地做出选择，那么我们一定能够更好地处理生活和工作中出现的种种问题，使自己的生活更加完满。正因如此，那家公司才毫不犹豫地录用了这个应聘者。可以想象，当那位应聘者以如此完美的选择面对工作中出现的两难境地时，他一定能够兼顾工作的各个方面，从而把公司的利益最大化。

阳光箴言

（1）假如生活和工作有了冲突，你会怎么办？是先照顾生活，还是先全力以赴地工作？假如处理不好工作和生活的关系，你既生活不好，也无法好好工作，所以这个问题是所有人都需要面对和解决的。

（2）面对自己喜欢做的事情和自己应该做的事情，如何使其完美地结合起来？假如做到了这一点，你一定能够取得长足的发展，因为兴趣是一个人做好一件事情的最大动力。

（3）其实，不仅仅工作方面需要我们做出完美的选择，在生活中与亲人朋友相处的过程中，我们依然需要做出最好的选择。

（4）选择伴随着人的一生，只有选择对了，我们的人生才能更加顺利和完满。

培养孩子阳光心态的关键

换个角度，让孩子将短板变成自己的优势

每个人都有缺点，就像每个水桶都有自己的短板一样。因为这些缺点，我们也许无法很好地承担一些工作；也因为这些缺点，我们的人生会绽放出与众不同的光彩。所谓完美，就是优点与缺点并存，在这个世界上，没有绝对完美的人。只要我们正确看待自己的缺点，扬长避短，或者为自己的缺点找一个适合发挥的领域，那些缺点非但不会阻碍我们的发展，甚至还有可能转变为优点。正如一只有短板的水桶，它也许无法顺利地把一整桶水运送到主人家，但它能滋润沿途的野花，用美丽的鲜花装点主人的餐桌。

一位挑水的农夫，他有两只用了很久的水桶，分别吊在扁担的两头，其中一只桶有裂缝，另一只则完好无缺。每次完好无缺的桶总能将满满一桶水从溪边送到主人家中，但是有裂缝的桶到达主人家时只剩下半桶水。

两年来，挑水农夫就这样每天挑一桶半的水到主人家。当然，好水桶对自己能够送满整桶水感到很自豪。破水桶呢？对于自己的缺陷则非常羞愧，它为只能负起一半的责任感到非常难过。

饱尝了两年失败的苦楚，破水桶终于忍不住了，在小溪旁对挑水农夫说："我很惭愧，必须向你道歉。"挑水夫问道："你为什么觉得惭愧？""过去两年里，因为我你只能送半桶水到主人家，我的缺陷使你做了全部的工作却只收到一半的成果。"破水桶说。挑水夫替破水桶感到难过，他充满怜爱地说："在我们回主人家的路上，我要你留意一下路旁盛开的花朵。"

果真，他们走在山坡上，破水桶眼前一亮，看到缤纷的花朵，开满路的一旁，沐浴在温暖的阳光之下，显得格外夺目，这景象使它开心了很多！但是，

走到小路的尽头时，它又难受了，因为一半的水又在路上漏掉了！破水桶再次向挑水农夫道歉。挑水农夫温和地说："你有没有注意到小路只有你漏水的那一边有花，好水桶的那一边却没有开花呢？我明白你有缺陷，因此我善加利用，在漏水的路旁撒了花种，每回我从溪边回来，你就替我浇了一路花！两年来，这些美丽的花朵装饰了主人的餐桌。如果没有你，主人的桌上也就没有这么好看的花朵了！"

是把整桶水运送到主人家重要，还是用水浇灌路边的野花重要？对于那两只不同的水桶而言，也许这两个任务都是非常重要的，因为它们有着不同的使命。想一想在摆放着鲜花的餐桌上用餐的主人的心情吧，他的内心一定充满了愉悦。当然，如果没有那只好水桶为主人家运送更多的水，也许一餐美味就无法顺利做出来。所以，不管是那只好水桶，还是那只坏水桶，我们都应该尊重它们，因为它们都有自己的价值。当然，它们更应该尊重自己，意识到自己的价值。做人也是如此，也许我们在某些方面不够优秀，表现得不够好，但我们不能因此妄自菲薄，而应该看看自己在其他方面是否有突出的表现。只有正确客观地评价自己，我们才能做到自尊、自重。

阳光箴言

（1）即使是一只破水桶，也有它的用途。

（2）即使一个有缺点的人，也有自己的用武之地。

（3）看看那些沿途灿烂的花朵吧，也许其中就有你的功劳。

（4）要想发挥自己的价值，首先应该找到适合自己的领域。

让孩子在帮助他人的过程中获得自身的成长

生活中,并没有绝对的公平,公平只是相对的。很多时候,我们因为没有得到公正的待遇而愤愤不平,却没有想到,自己在付出的同时也得到了很多。如果为了惩罚别人而使自己陷入绝境之中,这何尝不是一种更大的付出呢?

在一座荒废的园子里,生长着两棵茁壮的苹果树,经过几年的分枝与抽叶,终于开花结果了。

这年秋天,第一棵苹果树一共结了10个苹果,但有9个被前来嬉戏的小孩子摘吃掉了,只有最后一个因为被几片叶子遮盖了才有幸保留下来。

对此,这棵苹果树甚是愤愤不平:"我辛辛苦苦结的果子,到头来才得了这么一个,到底图的什么嘛!"于是,它开始拒绝成长。

到了第二年秋天,这棵苹果树因为养分不足只结出了5个苹果,有4个依旧被前来嬉戏的小孩子摘吃掉了,最后一个因为长在高高的枝头上才有幸保留下来。

"去年我结了10个得到1个,得到率是10%;今年我结了5个得到1个,得到率是20%。"这么一比较,这棵苹果树的心理平衡多了,"嘿嘿,翻了一番,也值得了。"

与这棵苹果树相比,旁边的另外一棵苹果树却恰恰相反:它第一年也结了10个果子,被嬉戏的小孩子们摘掉9个之后,在第二年更加努力地吸收阳光和雨露,迅速地长得茂盛起来,最后竟然结出了100个果子,虽然被拿走了99个,自己只得了1个,但它乐在其中;到了第三年,它继续努力地吸收阳光和雨露,长得更加茂盛了,很快就结出了好几百个果子;到了第四年,它结出了几千个果子了……

也就在第五年,第一棵苹果树的枝叶开始枯朽凋落,很快就轰然倒地,化为腐朽了。但第二棵苹果树依旧根深叶茂,它望着颓然倒地的伙伴儿,哽咽地说:

"嗨,得到多少果子并不是最重要的,重要的是,我们自己在不断地成长啊!"

为了避免自己辛辛苦苦结出来的果实被孩子们吃掉,第一棵苹果树开始拒绝成长,而第二棵苹果树则恰恰相反,它更加努力地生长,结出了更多的果实。一年过去了,第一棵苹果树的果实被吃掉的概率降低了,当然,这并非因为孩子们不吃苹果了,而是因为它结出的果实变少了。而第二棵苹果树呢?虽然前几年它结出的苹果依然被孩子们摘去吃了,但是它的果实一年比一年多,最终结出了几千个果子……它枝繁叶茂,根深蒂固。第一棵苹果树则因为腐烂而轰然倒地了。这两棵苹果树,谁得到的多?谁得到的少?谁失去的多?谁失去的少?一目了然。

张明和方强是大学同学。大学毕业后,他们一起进入同一家企业工作。因为刚开始工作,他们俩都没有什么经验,所以被安排在后勤部门熟悉公司业务。所谓后勤部门,其实类似于打杂的部门。每天,他们都有一大堆的勤杂事务要处理。对此,张明牢骚满腹。而方强呢?则总是乐呵呵地做事情,每当闲下来时,他还会主动去其他部门帮忙,帮那些工作量比较大的同事做一些力所能及的事情。为此,张明总是讽刺方强:"别人把你当打杂的使唤还不够,你自己还硬往上贴啊!"对此,方强总是微微一笑。

半年多过去了,张明的业务知识丝毫没有长进,依然在处理那些勤杂事务。而方强呢?因为他总是利用闲暇时间去其他部门帮忙,所以他很快了解和熟悉了公司的业务,被调到了市场拓展部门。在那里,他工作起来得心应手,因为熟悉公司的各个流程和环节,所以与各部门的同事也都相处得很融洽。

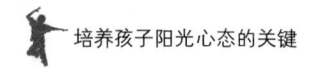

不一样的付出，不一样的收获。张明就像那第一棵苹果树，为了使别人吃不到果实，宁愿限制自己的成长。而方强呢？则像第二棵苹果树，在给别人带来便利的同时，也使自己得到了很好的成长。

阳光箴言

（1）只有在不断的锻炼中，我们的能力才会得到提高，我们的经验才会得到积累。所以不要吝惜自己的力气，趁着年轻力壮，不如多干点儿活吧！

（2）你付出，不仅是为了别人，更是为了你自己！

（3）所谓赠人玫瑰，手有余香。你在付出的同时，自己也得到了很多。

（4）没有人喜欢与一个懒惰的、斤斤计较的同事打交道，所以让自己变得勤快起来吧！

孩子需要一点压力，才能保持青春的活力

人生在世，假如心中没有希望，便会觉得暗无天日。同样的道理，假如觉得生活丝毫没有压力，人们也会因此而颓废、沮丧，失去希望和向上的动力。所以，很多时候，我们应该给自己适当的压力，这样才能帮助我们保持活力。

在一次挖煤施工的过程中，因瓦斯爆炸而导致煤窑坍塌，出口被厚实的泥土堵得严严实实的，五位矿工被困其中。幸运的是，矿井里刚好有足够的食物和水源。这给被困矿工带来了极大的生机。他们找到各自的位置，安静地坐下，等待救援。

时间在死寂的黑暗中震颤着。一天、两天……一个星期过去了，他们支着耳朵，却始终没有听到渴望已久的声音。有人开始烦躁，有人发出凄厉的尖叫。大家已无法承受恶劣环境带来的巨大精神压力，个个都快崩溃了。

突然，他们听到"啪"的一声。黑暗中有人吼叫起来，"谁，谁打我？"一个黑影朝四个伙伴咆哮着，四个伙伴都开始辩解。可黑影就是纠缠着他们不放，审犯人似的一个个详细审问，甚至问得有些不着边际。为了免受冤枉，四位工友还是认认真真地作了回答。直至个个哈欠连天，声称被打的黑影这才闭了嘴，没趣地倒在一旁呼呼大睡了。过了许久，大家都睡醒了，这时又听到"啪"的一声脆响，这次挨打的是另一位工友，只见他捂着脸，怒不可遏地号叫起来，径直扑向第一个挨打的黑影。双方都不示弱，幸好其余三位工友手疾眼快，死死把双方抱住，两人才住手。为此，大家你一言我一语地理论起来。

类似的情况在每位矿工身上都发生了，其中一位脾气很好的矿工连续挨了三个耳光，最后他忍无可忍，勃然大怒。就在他们整天为挨耳光的事纠缠不清的时候，头顶一丝微弱的亮光提醒他们，有人来救他们了。至此，他们在井底

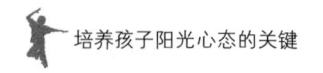

足足被困了23个日夜。

被救后，躺在医院里，四位矿工一直不明白为什么有人无缘无故打自己耳光，只有一位矿工笑呵呵地向四位工友讲起了一则在日本流传很广的故事：古时候，日本渔民出海捕鳗鱼，因为船小，回到岸边时鳗鱼几乎死光了。但有一个渔民，他每次捕回的鱼都活蹦乱跳的，因此卖的价钱也特别高，这使大家都很迷惑。临死前，这位渔民才把秘密告诉自己的儿子。原来，他在盛鳗鱼的船舱里放进了一些鲶鱼。鲶鱼生性好斗，为了防止鲶鱼攻击，鳗鱼也被迫攻击对方。在战斗的状态中，鳗鱼忽略了被捕捉后面临的死亡威胁，所有的潜能都被激发出来，投入战争。这样，尽管它们伤痕累累，但绝大部分鳗鱼还是生存了下来。

听完这则故事，大家恍然大悟。

如果不是那位矿工想办法挑起工友之间的纷争，使他们在等待救援的漫长时间里始终保持清醒的意识，那这些被掩埋的矿工也许很难熬过漫长的23个日夜。就像那些鳗鱼，在面对鲶鱼的威胁时，它们已然忘记了被捕捉后面临的死亡威胁，只是一味地想着如何避开鲶鱼的袭击。正因为如此，它们才能延长自己的生命。其实人也是如此，不管在职场中还是在生活中，我们都应该面对一定的压力，只有这样，我们才能充满活力地生存、生活，我们才能更加富有激情，使自己有毅力面对生活中的一切困难和险境。

阳光箴言

（1）不要使自己陷于安逸的环境之中，安逸使人颓废。

（2）面对生活的压力，不要抱怨，因为抱怨毫无用处，而应该鼓起勇气，直面困难，在解决困难的过程中提升自己。

（3）想办法把压力变成动力吧，这样你的生活才能越来越精彩。

（4）对待压力的态度不同，你的人生也将因此而不同。

第七章

开拓人生，
鼓励孩子勇敢面对苦难

第七章
开拓人生，鼓励孩子勇敢面对苦难

跌倒了，也要告诉孩子勇敢站起来

人生就像一条坎坷不平的路，有的地方平坦，有的地方凹凸不平，需要我们一步一步耐心地去走。也许，我们会摔得鼻青脸肿；也许，我们会碰得头破血流。但是，只要我们勇敢地站起来，就能够战胜一切坎坷和挫折。很多事情，仅仅依靠他人的指导是没有用的，我们必须亲自去经历，才能够获得最好的体验，才能够吸取更多的经验和教训，才能够在未来的人生之路上走得更好。

小马驹刚生下来的时候，就像从水里捞出来的一根木棒一样，它使劲地支撑着前腿，试图站起来，但是没过多久就倒下了。它就这样站起来，倒下，再站起来，再倒下，一次又一次。

这时，母马走上前去，用鼻子对着湿漉漉的小马驹喷出气来。小马驹嗅到了母亲的气味，顿时有了力量，两条后腿也跟着支了起来。四条腿弯弯地叉开着，然后重重地摔倒。这样反复多次，小马驹终于可以摇摇晃晃地站起来了，并向妈妈走近几步，接着又摔倒了。而母马看到小马驹向它走近一步，就退后一步。小马驹倒下了，母马就站在那里一动不动。

如果有人看到这一幕，一定认为母马在故意折腾小马驹，想到这么小的生命遭受如此痛苦，就想去搀扶一把。而这时，养马人会拦住他说："别扶，一扶就坏了。一扶这马就成不了好马了，一辈子都跑不好，只能跟在别的马身后。"

一匹小马驹，如果想成为一匹好马，就必须在刚刚降临世间的时候依靠自己的力量站起来，获得独特的体验。依靠自己的力量站起来的小马驹，对于生命的历程有着更加深刻的体验。它知道，必须经过一次又一次的努力，必须依靠一次又一次的尝试，才能够依靠自己的力量站起来，从而奔腾万里，才能够在未来的生命旅程中依靠自己的力量去战胜困难，从而直立于世间。

阳光箴言

（1）跌倒时，不要哭泣，因为哭泣无济于事。更不要等待，因为你的命运掌握在自己手里。

（2）跌倒时，必须依靠自己的力量站起来，因为别人给予你的力量不足以支撑你始终站立，只有你才能给自己这样的力量。

（3）跌倒时，自己站起来能够获得一种独特的体验，有了这次体验之后，当再次遭遇挫折的时候，就会更有经验。

（4）每一次跌倒，都是为了下次走得更好做准备。

第七章
开拓人生，鼓励孩子勇敢面对苦难

苦难中会孕育出生命的奇迹

《孟子》中记载，"天将降大任于是人也，必先苦其心志，劳其筋骨，饿其体肤，空乏其身，行拂乱其所为，所以动心忍性，曾益其所不能。"大凡有所成就的人，无一不是遭遇了很多波折。他们虽然在坎坷的命运之旅中艰难跋涉，但从来没有放弃，命运的风浪越汹涌，他们的斗志就越昂扬，从来不自暴自弃。正是因为具备这种精神，他们才创造了奇迹。

布鲁克林大桥因其独特的设计堪称机械工程的奇迹。然而，这座大桥的建造过程更是一个传奇。

当年，约翰·罗布林接手了这座大桥的设计工作。约翰的头脑极富创新精神，他提出了一个在当时看来几乎不可能实现的设想。所有桥梁专家劝他放弃这个近似于天方夜谭的想法，只有他的儿子华盛顿·罗布林支持他。于是父子俩共同完成了这个设计方案，并设法找到银行家投资建设，然后他们组织了施工队伍，开始建造这座大桥。

然而遗憾的是，大桥开工仅仅几个月，施工现场就发生了一起灾难性的事故。在这场事故后，约翰·罗布林不幸身亡，而在接手工作后，华盛顿·罗布林也身患重病，经过一番努力后，仍旧无法讲话，部分瘫痪。因为只有罗布林父子才了解这座大桥的全部构想，所以人们都认为这座大桥的建造会从此搁浅。

值得庆幸的是，华盛顿·罗布林虽然丧失了说话和行动的能力，但是他的大脑仍是健全的，思维仍和往常一样敏锐。一天，他躺在病床上的时候，忽然想到了一种可以和别人进行交流的方式。他用唯一能动的那根手指敲击妻子的手臂，通过不同的力度和敲击方式表达不同的意思，然后由他的妻子将他的意图传达给参与大桥建设的工程师们。华盛顿·罗布林用这种办法将他的设计理念传递了出去，布鲁克林大桥就这样建造成功了。

在部分身体瘫痪、仅有大脑存在思维活动的情况下，华盛顿·罗布林完成了布鲁克林大桥的建造工作，而他所采取的方式更是不可思议，即用唯一能动的手指敲击妻子的手臂，从而实现了和参与大桥建设的工程师们的交流与互动。换作一般的人，在面对如此沉重的打击时，恐怕早就自暴自弃了，但是华盛顿·罗布林身残志不残，他没有改变自己的心意，依旧为了实现自己和父亲的梦想而不懈地努力着。这正是华盛顿·罗布林与寻常人的不同之处，也正因如此，他才能完成布鲁克林大桥的设计与建造工作，创造生命的奇迹。

其实，人生就是一个又一个的风浪，而这些风浪正是人心的试金石。那些坚强勇敢的人，在面对风浪的时候，能够鼓足勇气战胜苦难，扬帆远航；而那些胆怯畏缩的人，面对风浪的时候只会哭泣逃避，不是被风浪打倒，就是眼睁睁地看着风浪把自己淹没。其实，风浪恰恰是考验我们信心的好时机。因为苦难，我们能更加深刻地认识自己、了解自己、改变自己、超越自己。所以，敞开胸怀迎接生活的苦难吧，只有经过苦难的洗礼，你才能茁壮成长、创造奇迹。

阳光箴言

（1）没有人的一生是一帆风顺的，只有经历过苦难洗礼的人，才能得到生活的馈赠。

（2）如果一遇到困难就一蹶不振，那么，你的人生注定与成功无缘。

（3）面对苦难，优秀的品质闪烁出更加耀眼的光芒。

（4）苦难是人生的试金石，能够区分出强者与弱者。

要想成为强者，就必须踏着失败前进

在这个世界上，大多数人的一生都伴随着无数个失败，面对失败，有的人能够鼓起勇气重新来过，所以他们成功了；而有的人只知道悲观绝望，这就注定了他们的一生必然碌碌无为。纵观那些"发明家""文学巨人"的成功史，我们可以发现，大多数功成名就的伟人，都有着坎坷挫折的人生，而他们之所以能够获得成功，正是因为他们从不放弃，更不会自暴自弃。他们能够正确地对待失败，从失败中汲取经验和教训，从而踏上成功的康庄大道。

有一家专业杂志统计了一些诺贝尔文学奖得主曾经被退稿的遭遇，以此鼓励那些在困难面前意志消沉、轻言放弃的人。

叶芝，1923年诺贝尔文学奖得主，爱尔兰诗人，被退回的作品为1895年的《诗集》，编者对这部作品的评价是：读起来既不悦耳，又不燃烧想象力，而且不启迪思考。

萧伯纳，1925年诺贝尔文学奖得主，英国剧作家，被退回的作品为其代表作《人与超人》，出版商对他的评价是：他永远不会成为一般人心目中的流行作家，甚至一点儿钱都赚不到。

高尔斯华绥，1932年诺贝尔文学奖得主，英国小说家，被退回的作品为其代表作《福尔赛世家》第一部，退稿人说的是：作者写这部小书纯属自娱，完全不理会广大的读者，因此可以说毫无畅销因素。

福克纳，1949年诺贝尔文学奖得主，美国小说家，被退回的作品为其代表作之一《避难所》，出版商的评价是：老天爷，如果这本书也能出版，我们还不如一块儿去坐牢呢。

海明威，1954年诺贝尔文学奖得主，美国小说家，被退回的作品为短篇小说集《春潮》，出版商说：如果出版这本书，我们不仅会被视为品质恶劣，甚至会被视为异常愚蠢。

贝克特，1969年诺贝尔文学奖得主，爱尔兰戏剧家及小说家，被退回的作品为其小说代表作《马龙之死》，编辑部认为：这部小说毫无意义，又不吸引人。

辛格，1978年诺贝尔文学奖得主，美国犹太小说家，被退回的作品为《在父亲那里》，评论是：太过平凡。

戈尔丁，1983年诺贝尔文学奖得主，英国小说家，被退回的作品为其成名作《蝇王》，出版商的评论是：你未能将看起来有潜质的构思成功地发挥出来。

上述列举的这些诺贝尔文学奖的获得者，假如他们在失败之后一蹶不振，不再勤于笔耕，那么，他们必将与诺贝尔文学奖无缘，甚至还会脱离文学创作的轨道。值得庆幸的是，他们没有，即使面对失败，他们依然能够坚持在文学创作的道路上走下去，最终获得巨大的成功。虽然我们不能像他们一样获得诺贝尔文学奖，但是，我们还是有很多平凡的事情可以坚持的。例如，当工作上遭遇挫折的时候，我们应该坚持再坚持。哪怕一时被误解，或者得不到认可，或者努力没有获得成功，我们也应该激励自己，继续为之努力。

在生活中，那些自暴自弃、悲观绝望的人总是为自己的命运自哀自叹，其实，他们的失败并非源于命运的不公，而是因为他们没有战胜困难和挫折的勇气。要知道，挫折只能击退弱者，真正的强者是不会被挫折吓倒的。

阳光箴言

（1）失败是成功之母，也许下一次失败之后就是成功。

（2）遭遇挫折不是自暴自弃的借口，真正的强者是不会被挫折吓倒的。

（3）世界上没有一帆风顺的人生，我们要学会调整心态，要乐观坦然地面对人生的坎坷和挫折。

（4）不经历风雨，怎能见彩虹。坚持到底就是胜利！

当孩子难过时，要陪伴在孩子左右

在生活中，我们难免会遇到很多困境，每当这个时候，我们往往会觉得自己已经筋疲力尽、走投无路了，甚至想要放弃努力、随波逐流。然而，不管是顺境还是逆境，不管是荣耀还是耻辱，随着时间的流逝，这一切都会过去。倘若能够想到这一点，你就会意识到，生命所沉淀下来的远远不是那些浮华的东西。也正是因为想到了这一点，你才能够在艰难困厄的时候坚持、再坚持，直到摆脱逆境；你才能够在顺境之中不耀武扬威、不洋洋得意；你才能平实淡定、从容不迫。

古希腊有一位国王，他拥有至高无上的权势和享用不尽的荣华富贵，但是他并不快乐。他可以主宰自己的臣民，却难以控制自己的情绪，不断袭来的种种莫名的焦虑和忧郁常常让他闷闷不乐。

终于有一天，国王再也承受不了这种无形的压力，于是他召来了当时最有名气的智者苏菲，要求他找出一句人间最有哲理的箴言，而且这句浓缩了人生智慧的话必须一语惊人，能让人无论在什么情况下都能保持一颗平常心——得意但不忘形，失意但不伤神。苏菲只沉思了一下，就答应了国王，条件是国王要将佩戴的那枚戒指赐予他。

几天之后，智者苏菲将那句话刻在了宝石内部，把戒指还给了国王，并再三叮嘱他，不到万不得已，别轻易取下戒指上镶嵌的宝石，否则它就不灵验了。

没过多久，邻国大举入侵，国王亲自率领部下拼死抵抗，然而寡不敌众，最终整个城邦沦陷敌手，国王只得逃亡。有一天，为躲避敌兵的搜捕，国王藏身在河边的茅草丛中，当他掬水解渴时，猛然看到自己的倒影，不禁伤心起来——当初那个气宇轩昂、威风凛凛的国王，现在变成了蓬头垢面、衣衫褴褛的乞丐模样，这怎能不让人难过呢？国王越想越伤心，后来竟双手掩面准备投河自尽。这时他想到了那枚戒指，于是急忙抠下了上面的宝石，只见宝石里侧刻着一句话——一切都会过去！

看到这句话，国王的心头重新燃起了希望的火花。是啊，没有什么大不了的，这一切终究都会过去的。从此，他忍辱负重，重新召集部下并东山再起，最终赶走了外敌，夺回了国家。当他重返王宫后，第一件事就是将"一切都会过去"六个字镌刻在象征王位的宝座上。

后来，这位国王无论遇到什么事情，都能妥善处理。据说，他在临终前特意留下遗嘱：死后，他的双手要空空地露在灵柩之外，以此向世人昭示那句六字箴言。

倘若不是隐藏在戒指中的"一切都会过去"六字箴言，也许，国王很难承受国破家亡的沉重打击。当看到这六个字的时候，他幡然醒悟，不管是成功还是失败，不管是顺境还是绝境，只要坚持下去，一切都会过去的。意识到这个道理后，国王变得无比豁达，因而从容地面对失败，毫不气馁地从头再来。

在生活和工作中，我们也应该时时牢记这六个字——"一切都会过去"。只有牢记这六个字，我们才能坦然地面对此时此刻的无限荣耀，我们才能淡定地面对工作和生活的困窘，我们才有勇气继续在人生的道路上稳步前行。

阳光箴言

（1）不管是成功还是失败，不管是顺境还是逆境，一切都会过去。

（2）不管是哭泣还是微笑，不管是悲戚还是喜悦，一切都会过去。

（3）坦然面对你现在的处境吧，因为一切都会过去。

（4）只要你能够坚持下去，再艰难的处境也会转好的！

身处绝境中，如何才能实现逆袭

在生活中，我们经常会遭遇困境，甚至会身陷绝望的境地。在这种情况下，我们应该怎么做呢？如果放弃，那只能是死路一条。如果能够采取积极的措施，那么，也许还能绝处逢生，甚至扭转局面，创造奇迹。逆境中总是蕴含着无限的希望，不管前面的路多么难走，只要我们坚定自己的信念，勇敢地开辟属于自己的道路，我们的人生就一定能够"绝处逢生"，拥有充满希望和光明的美好未来。

20世纪90年代，日本经济处于大萧条时期，很多中小企业相继破产。东京一家水果公司的业绩也大幅下滑，公司处于破产边缘。

但是，这家公司的老板不甘心自己一手经营的公司就这么倒闭，于是每天绞尽脑汁地谋求解决之道。终于有一天，这位老板想到了一个好办法。他去一个上好的苹果产地预购了一批苹果，在这些苹果还处于成长阶段时，就将一种标签纸贴在苹果的表面，这样一来，当苹果红了之后，贴有标签纸的地方就会留下相应的空白。

预购完苹果，他就从自己的客户名单中挑选出大约二百名大订单客户，把他们的名字写在透明的标签纸上，然后请人一一贴在苹果表面，等到苹果成熟之后送给相应的客户。所有的客户在收到这一礼物时都非常感动，随即增加了与这家水果公司的订购量。

一年后，许多经营水果的公司相继倒闭，只有这家公司的生意反而越来越好，营业规模非但没有萎缩，反而扩大了几倍。

在上述事例中，如果那个老板因为悲观绝望而选择放弃，那么等待他的必是倒闭的命运。与此相反，他积极地想办法与老客户取得联系，最终，他的营业规模实现了扩张。这就是机遇，机遇隐藏在绝境之中。

其实，这个世界上并没有真正使人绝望的处境，只有对处境感到绝望的人。大文豪巴尔扎克曾经说过，"绝境，是天才的进身之阶，是信徒的洗礼之水，是能人的无价之宝，是弱者的无底之渊。"由此可见，面对所谓的"绝境"，关键在于你拥有怎样的心态。绝境不只是一场磨难，更是人生的一种升华。很多时候，顺境使人们丧失斗志，沉迷于温柔乡中不思进取，甚至使人贪图享乐、自甘堕落。而绝境能激励坚强者，使之斗志昂扬，始终坚持不懈地努力，直至改变命运。面对人生的各种境遇，我们没有其他的选择，只能学会从容地驾驭自己的人生。

阳光箴言

（1）面对绝境，只有积极地采取措施，才会使你有可能创造奇迹。

（2）绝境之中往往蕴藏着机遇，关键在于你能否把握住这个千载难逢的时机。

（3）人生没有真正意义上的绝境，使你陷入绝境的是你绝望的心。

（4）不管什么时候，都要心怀希望，不放弃，这样才能创造生命的奇迹。

让孩子明白，改变命运先要改变心态

佛说，物随心转，境由心造，烦恼皆由心生。由此可见，拥有怎样的心态往往决定了一个人拥有怎样的精神状态，拥有怎样的生活。心态不好的人往往悲观消极，愁眉苦脸，遇事很容易陷入悲观绝望之中；而心态好的人，往往乐观豁达，喜眉笑颜，即使面对艰难的处境，也能够积极乐观地对待。在人类几千年的文明史中，但凡拥有健康、财富和幸福等的人，都是心态积极乐观的人。

艾柯卡一直在福特汽车公司辛辛苦苦地工作，通过自己的不懈努力，他终于成了福特公司的总经理。然而，1978年7月13日，艾柯卡被大老板亨利·福特开除了。在福特公司工作了32年、当了8年总经理的艾柯卡难以接受这样的打击，对自己几乎失去了信心，他开始酗酒，认为自己已经完了，再没有什么前途了。

就在这时，克莱斯勒汽车公司的董事长邀请艾柯卡出任总经理，艾柯卡接受了这一挑战。艾柯卡上任后，凭借自己的智慧、胆识和毅力，对当时名不见经传的克莱斯勒进行了大刀阔斧的整顿和改革。在艾柯卡的领导下，克莱斯勒公司争取到了政府的巨额贷款，在公司就快经营不下去的惨淡日子里又推出了K型车计划。而这一计划的成功让克莱斯勒起死回生，并一举成为与通用汽车公司、福特汽车公司并列的美国三大汽车公司之一。

5年后，艾柯卡将一张高达8.13亿美元的支票交到银行代表手里，还清了克莱斯勒的所有债务。事后，艾柯卡深有感触地说："哪怕时运不济，也要奋力向前！"

对于任何人来说，生活都不可能是一帆风顺的。面对挫折，假如你一味地抱怨，那么，你将永远是个弱者，是个失败者。只有调整好心态，改变自己，才能改变命运。阿基米德曾经说过："给我一个支点，我就能撬起整个地球。"事实确实如此，很多时候，推动这个世界的力量就在你的心里，它并不是别人给予的。因此，在面对困境的时候，我们要想改变自己的命运、改变外在世界，就只能从自身出发，从而获得改变自身、改变世界的力量。

阳光箴言

（1）"给我一个支点，我就能撬起整个地球。"记住阿基米德的话，正是因为有这样的信念，他才能够成为古希腊伟大的哲学家、数学家、物理学家。

（2）不管身处何种境遇，都不能自暴自弃，而应该坚持自己的理想，并为之不懈努力。

（3）生活就像大海，既有风平浪静的时候，也有波浪滔天的时候，我们应该学会面对种种境遇，调整好自己的心态。

（4）记住，唯一能够影响和改变你命运的，就是你的心态。不管什么时候，都要拥有好心态。

第七章

开拓人生，鼓励孩子勇敢面对苦难

告诉孩子，无论失去什么，不能失去希望

莎士比亚说："治疗不幸的药，只有希望。"希望，是心灵的一剂良药。很难想象，没有希望的生活，我们将是怎样沮丧、悲观的，而希望之于人生，恰如机油之于汽车。一辆汽车，只有拥有好的机油，才能拥有强劲的动力。希望，带给人生以活力、期待、坚强与生命力。希望，是一种发自内心的情绪和希冀。对于每一个人来说，生活都是一面镜子，你对它微笑，它便对你微笑；你对它愁眉苦脸，它便以哭脸对待你。只有满怀希望的人，才能够从内心深处绽放希望的笑颜，才能够得到生活回报的笑脸。只要你的内心深处怀有希望，不管处境多么糟糕，生活的镜子都会为你折射出光芒，照耀你的人生。

法国小男孩布莱叶3岁那年，不小心被利器刺伤了眼睛，不久便双目失明了。

几年后，布莱叶就读于一家盲人学校，开始学习用手指摸读26个字母。当时用于盲人摸读的字母很大，一篇短文就得用几个大本子刻写，非常不方便。布莱叶下定决心要发明一种简易方便的摸读法。后来，他听说一位法军上尉能在黑暗中写字，认为这对自己非常有帮助，于是专程去求教。经过潜心研究和反复探索，布莱叶终于发明了一种简便科学的摸读法。

在布莱叶的精心辅导和帮助下，一位双目失明的姑娘熟练地掌握了这种摸读法，并将它用于弹奏钢琴。在一次音乐会上，这位姑娘的钢琴独奏引起了轰动，人们的掌声经久不息。在致感谢词时，她说道："在这里，我首先要感谢的就是布莱叶先生，是他教会了我这个盲人认字，这样我才有可能弹奏钢琴。"

当人们对布莱叶报以热烈的掌声时，他激动得热泪盈眶，说道："这是我一生中第三次流泪，第一次是3岁失明时，那时我感到前途一片暗淡；第二次是

我发明了这种简单的摸读法后，我重新燃起了生活希望；而这一次，是因为我觉得我不是一个失败者。一个人只要拥有希望，就永远不会无路可走。"

对于一个人而言，最大的资产是希望，最大的破产是绝望。希望是生活的风帆，如果没有希望，我们就会失去人生的方向。只有充满希望，才能够在人生的大风大浪之中扬帆起航。如果一个人的内心被绝望的乌云笼罩，那么，他就无法看到生命的光芒，人生也会暗淡无光。

阳光箴言

（1）希望是人生最大的财富，如果没有希望，即使有再多的钱，也是贫穷的。

（2）一个内心充满绝望的人，不管做什么事情，都很难获得成功。

（3）希望，是心灵的一剂良药，能够治愈人生的疾病。

（4）不管什么时候，只要满怀希望，命运就不会弃你于不顾。

第八章

知己难寻，
引导孩子用心呵护一生的友情

第八章
知己难寻，引导孩子用心呵护一生的友情

坦诚相待，对手也能成为朋友

在这个世界上，有与我们同一战线的朋友，也有与我们站在竞争起跑线上的对手；而有的时候，这两个角色是能够完美地融合在一起的，毕竟，友谊第一，比赛第二。

美国黑人杰西·欧文斯是一位杰出的田径运动员，他曾多次打破世界纪录，并多次获得奥运金牌。然而，在自己的传记中，他要感谢的是一个叫作卢兹·朗的人。

事情发生在1936年的柏林奥运会上。当时欧文斯是最有希望获得跳远比赛冠军的选手。在之前的比赛中，他曾经跳出过8.13米的好成绩，并创造了一个保持了25年之久的世界纪录。

但当比赛开始，欧文斯走向沙坑的时候，看到一位身材高大、金发碧眼的选手在练习，而且几乎每次都能跳出8米左右的成绩。这位选手就是卢兹·朗，卢兹·朗不仅实力超群，是金牌的有力竞争者，而且是个白皮肤的德国人。欧文斯感到有点紧张，当时纳粹一直在宣扬"白种人优越论"，整个奥运会都被笼罩在阴影之下，虽然他很想用自己的实力证明这只是一个谬论，但他没有信心超过卢兹·朗。

比赛开始了，欧文斯第一次起跳时，被判起跳失败。他心里更加紧张，动作也开始犹豫起来了，结果第二次起跳他又犯规了。如果再犯规一次，他就被淘汰了，为此，他全身的神经都紧绷了起来。就在这时，卢兹·朗走了过来，对欧文斯说："你的实力是有目共睹的，即使闭上眼睛你也能跳进决赛。"接着，他又向欧文斯建议，既然只需跳过7.15米就能进决赛，那为什么不在跳板前起跳呢？欧文斯按他的建议做了，结果轻而易举地获得了决赛资格。决赛时，欧文斯发挥良好，打破了奥运会跳远纪录，赢得了金牌。卢兹·朗是第一个向他祝贺的人，并且是当着希特勒的面这样做的。

后来，欧文斯在他的自传中写道："即使把我所有的奖杯奖牌熔掉，也不能锻造出我和卢兹·朗的纯洁友谊。"

和其他的友谊比起来，竞争对手之间的友谊显得更加真挚、更加感人，毕竟，你必须有博大而又宽广的胸怀才能够去帮助一个即将与自己竞争的人。可以说，这样的友谊是真正的友谊，是真心的友谊，是毫无私心杂念的友谊。

在一次考试中，原本一直是第一名的雨欣的成绩很糟糕。其实，除了英语以外，她的各科成绩都很好，只是英语拖了她的后腿。见此情形，原本仅次于雨欣的林楠主动要求帮助雨欣。刚开始的时候，很多同学都不理解，雨欣一旦落到第二名，林楠就能够稳稳当当地夺得第一名了，林楠为什么要帮助雨欣呢？虽然同学们对此议论纷纷，但林楠依然我行我素。她帮助雨欣分析了英语考试失利的原因，并且与雨欣约定每天早晨一起提前到教室读半个小时的英语。每天晚上，林楠还会监督雨欣背诵十个英语单词。就这样，一个学期过去了，在期末考试中，雨欣的英语成绩果然有了很大的提高，她与第一名林楠之间只差了两分。见此情形，林楠高兴地说："雨欣，继续加油啊，你马上又要坐回第一名的宝座了！"林楠非常真诚，她是发自内心地为雨欣感到高兴。没多久，雨欣果然再次坐回了第一名的宝座上。林楠呢？又屈居第二了，不过，林楠并不灰心，她向雨欣发出了挑战："雨欣，让咱们在下一次考试中一决胜负吧！"

真正的强者，是需要有对手的，因为对手的存在，让他们觉得自己活得更加真实，也更有动力前进。林楠之所以帮助雨欣，一则是因为她们之间的友谊，二则也是为了自己的进步与发展。真正的强者不惧怕对手，他们只担心对手不够强大。他们博大的胸襟，使他们有胆量去帮助对手取得进步，从而与其展开角逐。所以，让我们真诚地对待那些原本是我们对手的朋友吧，有了他们的陪伴，我们的成长之路才不会寂寞！

阳光箴言

（1）对手是你的一面镜子，拥有什么样的对手，你就拥有什么样的实力。

（2）对手能够促使你不断进步，所以，在帮助对手的同时，你其实也在帮助自己。

（3）只有有着博大胸怀的人才能够与自己的对手成为朋友，这样的友谊，心胸狭隘者是没有资格拥有的。

（4）真诚地对待你的朋友吧，竞争只是友谊的一种形式，是你们对彼此的一种促进。

宽容的孩子拥有最真挚的朋友

在人与人交往的过程中，难免会有摩擦、争吵、误解等，在这种情况下，你选择是记在心里还是彻底忘记？如果你记在心里，你就永远无法原谅那个伤害你的人，同时，你的心灵也会因为仇恨的存在而变得无比沉重。相比之下，忘记显然是更好的选择。假如你能够忘记别人对你的伤害，那么，别人看到你的友善，自然不会再去伤害你。更重要的是，因为遗忘，你变得更加轻松了，你的心灵没有任何负荷，所以你可以在人生的路上轻松前行。

一天，萨克和朋友路易、戴尔一起出去旅行。

三人走到一处峡谷，萨克一时不慎，险些滑入谷底，幸亏路易手疾眼快拉住了他，才将他救了起来。萨克感激不尽，并在他遇险之处的一块大石头上刻下了一行字："某年某月某日，路易于此救了萨克一命。"

三人继续向前走，第二天他们又来到了一处海边。萨克和路易因为一点儿小误会吵了起来，路易一气之下打了萨克一耳光。萨克并没有还手，而是在沙滩上写下了一行字："某年某月某日，路易于此打了萨克一耳光。"

三人接着向前走，走着走着，戴尔忍不住好奇地问萨克："萨克，为什么路易救你的时候你要在石头上刻下一行字，而他打你的时候你却写在沙滩上呢？"

萨克回答说："哦，这很简单。在石头上刻下那行字，是要永远感谢路易于我的救命之恩；而在沙滩上写下那行字，是希望我们之间的怨恨能够像沙滩上的字随着潮水的冲刷一去不复返。"

把别人对自己的好刻在坚硬的石头上，牢牢地记在心里，以便时时记住，感谢别人的恩情。把别人对自己的不好写在沙滩上，一旦有海水冲过沙滩，沙滩上的字就会随之消失，心中的仇恨也就不复存在。用这种态度与人相处，你就会活在友爱之中，整天都觉得无比轻松。不得不说的是，假如你把态度颠倒了，你就会整日活在仇恨之中，不但影响你与朋友的交往，也会使你自己的心情变得非常糟糕。

阳光箴言

与其给自己一桶苦涩的胆汁，不如选择一滴蜂蜜，这样，既甜了别人，也甜了自己。

（1）朋友也是人，不是神，不可能没有任何缺点。如果他们无意间伤害了你，请把心痛的感觉写在沙上，等待海水的冲刷。

（2）假如朋友欺骗了你、伤害了你，不要悲伤、不要哭泣，更不要以牙还牙，也许朋友有不得已的苦衷，让我们试着原谅他们吧！

（3）把朋友对你的点滴好处都铭记心间，这样，你会更加友好地和朋友相处。

（4）朋友之间的友谊也是需要经营的，让我们宽容地待人待己吧！

告诉孩子如何维系友情

在这个世界上，不管是怎样的感情，都需要用心地经营，如亲情、友情。其实，感情就像是一棵娇嫩的树苗，只有你用心经营，它才会长成参天大树。假如你忽视这棵树的成长，这棵小树苗就很难长大，甚至还会枯萎。然而，现代社会的节奏太快，每个人都忙于自己的工作和生活，渐渐淡忘了那些曾经一起欢笑一起痛哭的朋友。所以，我们要时时记得给友谊之树浇水、施肥，让它茁壮地成长。

曾经听朋友讲过这样一段故事：

傍晚时分，我到楼下的小卖部买东西，店主老王见我来了，说我来得正好。他简单交代，站在边上的女孩是哑巴，想叫我帮着打公用电话，因为她要照料生意。我这才发现柜台边上站着一个清秀的女孩，眼里满是期待。

我接过笔写道，好吧，你写我说。她感激地对我笑了笑，开始写上她要说的话，我则开始拨号。接电话的是个男人，我愣了一下，女孩找的明明也是个女孩。对方解释说，他也是帮着接电话的，他那边的也是个哑女孩。于是，我们这两个不相干的人充当了传话筒。她说，她想念一起去吃米粉的时候；她说，她帮她织了一条围巾，要寄过去；她说，要很长时间才能回去，请帮她多照看父母；她说，收到了寄来的相片，胖了点儿呢……电话通了近十分钟，太慢，因为一边说一边写费时不少。在等她写字的时候，我看她认真的模样，忽然间，为我们四人的默契一阵感动，我从来没有遇到过这样的事儿。打完电话，女孩露出了笑容，写给我看，那头是她最好的朋友，约好这个时间打电话，这样坚持了好多年。最后她写给我的两个字是"谢谢"，还画上了一个小小的爱心，她撕下小纸片放到我手里，然后付了钱，很快消失在了黄昏的街道上。

虽然彼此都无法用语言进行沟通，但是两个女孩牢牢地记着在约定的时间给对方打电话，而打电话时又以这样一种奇特的方式进行交流——这就是友谊。在如此精心的呵护下，我想她们的友谊之树一定根深蒂固、高耸入云。和她们比起来，身体健康的我们是不是有些惭愧呢？我们随时随地都可以打电话，随时随地都能够说出自己的心里话，然而，也许是因为随时随地都可以做这些事情，我们反而不会放在心上。我们总是告诉自己，过段时间再联系也行，没有必要非得今天联系。但是，正因如此，我们渐渐地忘记了彼此。

阳光箴言

请向那两位女孩学习吧，当你想给自己最好的朋友打电话时，不要犹豫、不要迟疑，就在此时此刻，请你拿起电话，给他/她拨过去。也许你们并没有什么要紧的话要说，但是，仅仅几声轻轻的问候，就足以使你的朋友感受到莫大的温暖。

（1）拿起通信簿，看看有多少朋友你很久没有联系了。

（2）想到了谁，就赶紧联系吧，友谊之树经不起枯萎。

（3）不需要多么肉麻的表达，也不需要你明确地说出想念对方，只需要一个电话，寥寥数语，对方就足以体会你的心意。

（4）友谊之树需要你常常浇水、施肥，这样它才能长成参天大树。

培养孩子阳光心态的关键

物以类聚，孩子能从朋友身上取长补短

在生活中，几乎每个人都有朋友，如果没有朋友，我们就无法在这个世界上生存下去。常言道："物以类聚，人以群分。"一般情况下，只有性格相似、志趣相投、志同道合的人才能成为朋友。很多时候，我们要想了解一个人，完全可以观察他身边的朋友。因为朋友就像我们的一面镜子，一个人有什么样的朋友，他就是什么样的人。

四个刚刚得道的仙人都想知道人参果到底是什么味道，于是他们约定，分别找到唐僧师徒四人询问，回来后向大家汇报。第一个仙人回来后说："人参果味道鲜美，非常好吃。"第二个仙人连连点头说："确实如此啊，都说那味道只有天上才有。"第三个仙人也对前两个人说的话表示赞成。只有第四个仙人反驳道："你们都被骗了，人参果吃起来滑溜溜的，根本没什么特别的味道。"四个人争执不下，最后跑到南极仙翁那里去问个究竟。南极仙翁想了一下，问四个人："你们是怎么知道人参果的味道的？""我问的唐三藏。"第一个仙人说。"我问的孙悟空。"第二个仙人说。"我问的沙悟净。"第三个仙人说。"那你呢？"南极仙翁问第四个仙人。"我问的猪八戒。""这就对了。"仙翁捻着胡须微笑着说，"当年猪八戒吃人参果的时候连嚼都没嚼，他怎么会知道人参果真正的味道呢？"

四个仙人，分别拥有不同的朋友，通过不同的朋友，他们了解了人参果的味道。其中，只有贪吃的猪八戒没有尝到人参果的真正味道，因为他吃人参果的时候是一口吞下去的，根本没有经过咀嚼。其实，生活中的很多事情，朋友的看法对我们来说都是很重要的，小到去哪里吃饭，大到去哪里买房，我们

都会征询朋友的意见，在做一些大事的时候，我们还会让朋友给我们把把关。这个时候，如果你没有一个好朋友给你正确的引导，有时还可能会给自己带来麻烦。

阳光箴言

（1）你的身边围聚着哪些朋友，看看他们，你就能够更加深入地了解自己了。

（2）朋友是我们的一面镜子，我们一定要选择那些与我们志同道合、兴趣相投的朋友。

（3）要想了解一个人，你可以先观察他身边的朋友，因为朋友就是他的第二个自我。

（4）我们要结交益友，远离损友。

友谊，让成长中的孩子更有力量

这个世界上，除了你至亲的人以外，有没有一个人能让你心甘情愿地为了救他而献出自己的生命？反之，这个世界上，除了你至亲的人以外，有没有一个人能心甘情愿地为了救你而献出自己的生命？如果这两个问题的答案对于你而言都是肯定的，那么你就是这个世界上最幸福的人，因为你拥有与你真心相待的好朋友。

在一所孤儿院里住着一群流浪的孩子。那是个战乱时期，由于飞机的狂轰滥炸，一颗炸弹投进了这所孤儿院，几个孩子和一位工作人员被炸死了，还有几个孩子受了伤，其中有一个小女孩流了许多血，伤得很重。

幸运的是，不久后一个医疗小组来到了这里，小组只有两个人，一个女医生、一个女护士。

女医生很快进行了急救，但在那个小女孩那里出了一点儿问题，因为小女孩流了很多血，需要输血，但是她们带来的为数不多的医疗用品中没有可供使用的血浆。于是，医生决定就地取材，她给在场的所有人验了血，终于发现有几个孩子的血型和这个小女孩是一样的。可是新的问题又出现了，因为那个医生和护士都只会说一点点越南语，而在场的孤儿院的工作人员和孩子们只听得懂越南语。

于是，女医生尽量用自己仅会的越南语加上一大堆的手势告诉那几个孩子："你们的朋友伤得很重，她需要血，需要你们给她输血！"终于，孩子们点了点头，好像听懂了，但眼里都藏着一丝恐惧！

孩子们没有人吭声，没有人举手表示自己愿意献血！女医生没有料到会是这样的结局！她一下子愣住了，为什么他们不肯献血来救自己的朋友呢？难道刚才说的话他们没有听懂吗？

忽然，一只小手慢慢地举了起来，但是刚举到一半又放下了，好一会儿又重新举了起来，便再也没有放下！

医生很高兴，马上把那个小男孩带到临时的手术室，让他躺在床上。小男孩僵直地躺在床上，看着针管慢慢地插入自己细小的胳膊里，看着自己的血液一点点地被抽走，他的眼泪不知不觉地就顺着脸颊流了下来。医生紧张地问是不是针管弄疼了他，他摇了摇头，但是眼泪还是止不住地往下流。医生开始慌了，因为她总觉得肯定有什么地方弄错了，但到底是哪里呢？针管是不可能弄伤这个孩子的呀！

关键时刻，一个越南的护士赶到了这所孤儿院。女医生把情况告诉了这名越南护士。越南护士忙低下身子，和床上的孩子交谈了一番，不久后，孩子竟然破涕为笑。

原来，那些孩子都误解了女医生的话，以为她要抽光一个人的血去救那个小女孩。一想到不久以后自己就会死，所以小男孩才哭了出来！医生终于明白为什么刚才没有人自愿献血了！但同时她又有一件事不明白了，"既然以为献过血之后自己就会死，为什么他还自愿献血呢？"医生问越南护士。

于是越南护士用越南语问了一下小男孩，小男孩不假思索就回答了。回答很简单，只有几个字，却感动了在场的所有人。他说："因为她是我最好的朋友！"

对于那个男孩而言，在短暂的时间内，他无疑进行了激烈的思想斗争，一边是朋友的生命，一边是自己的生命，他稚嫩的心灵经历了无比的煎熬，所以才会犹豫地举起手来又放下，最后又坚定地举起手来。即使一个成年人，在面对如此两难的抉择时，也无法在这么短的时间内作出决定，毕竟生命对于每个人来说只有一次，而小男孩却做到了。他在很短的时间内就决定抽光自己的血去救好朋友。

阳光箴言

（1）假如需要你抽光自己的血去救你的朋友，你会吗？

（2）假如你需要很多很多血，你的朋友会抽给你吗？

（3）谁说这个世界上真情越来越少，友谊时时刻刻都在温暖和滋润着我们干涸的心田。

（4）如果没有爱，这个世界将变得多么冷。正是因为有了爱，世界才变成了温暖的人间。

引导孩子如何认清真相

在生活和工作中,虽然我们崇尚雷厉风行的作风,但是有的时候,遇事三思而后行也是很重要的。我们都知道不能听信谣言,但是很多人并不知道,有的时候我们甚至不能相信自己的眼睛和耳朵。因为眼睛看到的有可能是假象,耳朵听到的有可能是迫不得已的难言之隐,所以我们需要静静地观察和辨别。常言道:"路遥知马力,日久见人心。"有些人,很善于伪装自己,一时半会儿是认不清的;有些人,从不张扬,必须经过长时间的相处才能认清他的真心。所以遇事慢三分吧,尤其当你非常冲动地想干一件事情的时候,缓一缓再展开行动,是很有必要的。

最近,一家公司里来了一位新主管,大多数同事都很兴奋,据说他是个能人,专门被派来整顿业务,公司会因此有较大的变动,大家的待遇也可能会有所提升。但日子一天天过去了,新主管毫无作为,每天早早进了办公室后,便躲在里面不出门,那些本来紧张得要死的坏分子,现在反而更猖狂。于是有人私下里议论:"他哪里是个能人嘛!根本是个老好人,还不如以前的主管呢!"

一转眼,半年过去了,当大家对主管渐渐感到失望时,新主管却发威了,不称职的人一律开除!能人则获得晋升。下手之快,断事之准,与半年前表现保守的他,简直判若两人。年终聚餐时,新主管在酒过三巡之后致辞:"相信大家一定对我刚到任期间的表现和后来的大刀阔斧感到不解,现在听我讲个故事,各位就明白了。我有位朋友,买了栋带着大院的房子,他一搬进去,就将那院子进行了全面整顿,杂草树一律清除,改种自己新买的花卉。某日,原先的屋主来访,进门大吃一惊地问:那最名贵的牡丹哪里去了?我朋友这才发现,他竟然把牡丹当草给铲了。后来他又买了一栋房子,虽然院子更杂乱,但他按兵不动。果然，冬天以为是杂树的植物，春天里却开了繁花；春天以为是野草，夏天里却成了锦簇；半年都没有动静的小树，秋天居然红了叶。直到暮秋，他才真正认清哪些是无用的植物，然后大力铲除，并使所有珍贵的草木得以保存。"

说到这儿，主管举起杯来："我敬在座的每一位，如果这办公室是个花园，你们就是其间的珍木，珍木不可能一年到头开花结果，只有经过长期的观察才认得出啊！"

假如那位主管一进公司就大刀阔斧地改革，那么，在不了解真相或者被虚伪的表象迷惑的时候，他很可能会伤及无辜，甚至失去那些原本能干的将才。他很聪明，选择了默不作声地观察。当那些狷獗分子从最初的谨小慎微变成后来的肆无忌惮，他们自然就露出了自己的马脚。而那位主管呢？自然通过日积月累的观察了解了同事们的脾气秉性，也从大局上把握了公司的状况。等到一切成竹在胸的时候再开始行动，岂不更具有针对性、更具有杀伤力？同时，成效也更加显著。

阳光箴言

其实，很多时候我们都不能着急，因为在冲动之下，我们往往会变成失去理智的魔鬼。要想使自己成为一个稳重理性的人，我们应该学会控制自己激动的情绪，在进行冷静观察之后再开展行动。

（1）如果你误解了一个人且又立即对他采取了非常的措施，那么，当误解消除的时候，你一定会追悔莫及。

（2）如果你能够在盛怒之下控制自己的情绪，经过深思熟虑再去采取措施，那么你就会大大降低自己误伤别人的概率。

（3）每个人都有可能犯错误，如果不是原则性的，我们应该学会原谅别人。即使是原则性的，我们也不要着急，等到了解事情的真相之后再决定如何去做。

（4）即使慢三分，也不要因为着急而误解别人、误伤别人。

第八章

知己难寻，引导孩子用心呵护一生的友情

让孩子明白什么是真正的朋友

所谓朋友，就是在危急关头把生的希望留给你的那个人。

迈克是一家公司的老板，因为喜欢旅行，他买了一架小型飞机。一天，他和好友安迪乘飞机飞过一个人迹罕至的海峡。

迈克发现飞机油箱漏油了。飞机上的人一阵惊慌，迈克说："没关系，我们有降落伞！"说着，他将操纵杆交给同样会开飞机的安迪，自己去取降落伞。迈克在安迪身边放了一个装有降落伞的袋子。他说："安迪，我先跳，你在适当的时候再跳吧。"说着，他跳了下去。

飞机仪表显示油料已尽时，安迪决定跳伞。他抓过降落伞包，打开一看大吃一惊。包里没降落伞，有的只是迈克的旧衣服！安迪咬牙大骂迈克，只好使出浑身解数驾驶飞机，能开多远算多远。飞机悄无声息地往下降，与海面距离越来越近……就在安迪彻底绝望时，海岸出现了。他大喜，用力猛拉操纵杆，飞机贴着海面冲到了海滩上，安迪晕了过去。

半个月后，安迪回到他和迈克所居住的小镇。他拎着那个装有旧衣服的伞包来到迈克家的门外，发出狮子般的怒吼："迈克，你这个出卖朋友的家伙，给我滚出来！"

迈克的妻子和三个孩子跑出来，安迪很生气地讲了事情的经过，迈克的妻子一边说"他一直没有回来"，一边认真检查那个包。她从包底拿出一张纸片，只看了一眼，就大哭起来。安迪一愣，拿过纸片来看，纸上有两行极潦草的字，是迈克的笔迹，写的是——安迪：我的好兄弟，机下是鲨鱼区，跳下去必死无疑。不跳，没油的飞机会很快坠海。我跳下后，飞机重量减轻，肯定能

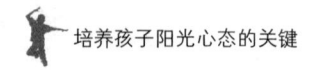

滑翔过去……你大胆地向前开吧，祝你成功！

　　一生之中，能够有迈克这样的朋友，对于任何人而言，都是可遇而不可求的。反过来，对于朋友，我们是否能够做到这一点呢？不要忘记，正是因为安迪心甘情愿地留下来驾驶飞机，他才能够顺利地在迈克的安排下得到生的机会。假如安迪也争先恐后地跳伞而不愿意留下来驾驶飞机，那么葬身鱼腹的就是他。由此可见，付出是相互的。

阳光箴言

　　（1）假如你和朋友不幸遇到了灾难，你们会争着逃生吗？如果你们互不相让，那么你们生存的机会就会更小，也许会同归于尽。

　　（2）当事情不可逆转的时候，我们应该真心地为朋友着想，因为他们曾经也真诚地对待过我们。

　　（3）那个装满旧衣服的伞包，无疑会成为安迪一生中永远的怀念，因为那个伞包里装满了浓厚真挚的友情。

　　（4）在最危险的时刻，能够毫不犹豫地把生的机会让给你的那个人，就是你真正的朋友。

第九章

感悟生命，
教导孩子用心过好当下的每一天

第九章
感悟生命，教导孩子用心过好当下的每一天

带领孩子感悟生命，感恩生活

生活中，我们是否因为太忙碌而忘记了感恩？面对路边正在盛开的娇艳花朵，我们甚至来不及多看一眼，就匆匆而过了。面对路人的微笑，我们甚至无暇顾及，更没有时间给对方一个微笑。忙碌的清晨，我们穿梭在一条条错综复杂的地铁线路中，像蚂蚁一样在这个拥挤的城市寻求生存。

一次，汤姆在一家雅致的餐厅就餐，发现旁边有三个黑人孩子，他们似乎在餐桌上写着什么。在就餐的时间、就餐的地方，这三个孩子却做着与就餐无关的事儿。汤姆难以按捺心中的好奇，便试探着走了过去。这几个孩子看到汤姆这样一个肤色不同的外国人过来，他们没有一丝扭捏，而是落落大方地和汤姆谈了起来。这三个孩子中，一个十二三岁戴眼镜的男孩是老大，八九岁的女孩是老二，另外一个五六岁的男孩是老三。从谈话中，汤姆了解到，他们和母亲是暂时住在这家酒店里的，因为他们正在搬家，新房还未安顿好。

当汤姆问他们在做什么时，老大回答说正在写感谢信。他那副理所当然的神情令汤姆很疑惑。这三个小孩一大早起来写感谢信？汤姆愣了一阵后追问道："写给谁的？""给妈妈的。"汤姆心中的疑团一个未解又生一个。"为什么？"汤姆又问道。"我们每天都写，这是我们每日必做的功课。"孩子回答道。哪有每天都写感谢信的？真是不可思议！

汤姆凑过去看了一眼他们每人手里的那沓纸。老大在纸上写了八九行字，妹妹写了五六行字，小弟弟只写了两三行。再细看其中的内容，都是诸如"路边的野花开得真漂亮""昨天吃的比萨饼很香""昨天妈妈给我讲了一个很有意思的故事"之类的简单语句。

培养孩子阳光心态的关键

汤姆的心头一震。原来他们给妈妈写的感谢信不仅感谢妈妈为他们做了什么,同时也记录下了他们幼小心灵中感觉很幸福的一点一滴。他们还不知道什么叫大恩大德,只知道对于每一件美好的事物都应心存感激。他们感谢母亲辛勤的工作,感谢同伴热心的帮助,感谢兄弟姐妹之间的相互理解……他们对许多我们认为理所当然的事都怀有一颗感恩的心。

在孩子幼小的时候,教会他们感恩,这将是孩子一生中收到的最好的礼物。虽然他们尚不能深刻领悟感恩的意义,但这会令他们怀着一颗感恩的心去接受生活的馈赠——一餐饭、一个有意思的故事、路边美丽的鲜花。在他们稚嫩的心灵里,世界是如此美好,他们没有错过任何使他们感到幸福的东西。这样的孩子,长大之后,必将对这个世界充满感恩,对生活的点滴充满感恩,我想,他们的内心一定充满了幸福。

阳光箴言

生存是为了什么?假如生命只剩下匆匆地奔向终点这一内容,那我们的存在还有什么意义?请放慢自己的脚步吧,去闻一闻花香、听一听鸟叫,自在舒缓地行走,认真地欣赏路上的风景。

(1)今天,你的生活中发生了什么?哪些是使你高兴的,使你欣喜愉悦的?感谢它们吧,是它们使你的生命更加美好。

(2)不管是阳光,还是阴霾,我们都要感恩,因为正是有了它们,天气才不再单调。

(3)我们每天都要感谢自己的母亲,如果没有她们的精心照料,我们无法健康地成长。即使是一件小事,她们也总是为我们尽心竭力地做好。

(4)感恩,使我们的生命焕发出别样的光彩!

第九章
感悟生命，教导孩子用心过好当下的每一天

拥有生命，是获得一切美好的前提

生命，对于任何人而言，都是这个世界上最珍贵的东西，因为生命只有一次，再无重来的机会。即使命运再怎么坎坷，人们也要活着。活着，本身就是一种莫大的幸运。试想一下，这个世界上每天都有很多人因为意外而丧生，而你却顽强地活着，尽管你遭遇了很多坎坷和挫折，但是你依然能够享受生活的无限美好，这岂不是一件值得庆幸的事情吗？所以，感恩生命吧，活着，就是你最大的幸运。

有这样一个青年，他觉得自己非常不幸。

10岁时，他的母亲因病去世，他不得不学会洗衣做饭，照顾自己，因为他的父亲是位长途汽车司机，很少在家。

7年后，他的父亲又死于车祸，他必须学会谋生，养活自己，因为他再也没有人可以依靠了。

20岁时，他在一次工程事故中失去了左腿，他不得不学会应对随之而来的不便，学会了用拐杖行走，倔强的他从不轻易请求别人的帮助。最后他拿出所有的积蓄办了一个养鱼场。然而，一场突如其来的洪水将他的劳动和希望毫不留情地一扫而光。他终于忍无可忍了，愤怒地责问上帝："你为什么对我这样不公平？"

上帝反问他："你为什么说我对你不公平？"

他把他的不幸讲给了上帝。

"噢！是这样，的确有些凄惨，可为什么你还要活下去呢？"

青年被激怒了："我不会死的，我经历了这么多不幸的事，没有什么能让

我感到害怕。终有一天我会创造出幸福的！"

上帝笑了，他打开地狱之门，指着一个鬼魂给他看，说："那个人生前比你幸运得多，他几乎是一路顺风走到生命的终点，只是最后一次和你一样，在一场洪水中失去了他所有的财富。但不同的是，他自杀了，而你却坚强地活着，这就是你的命运，你更懂得感恩生活的磨难。"

在生活的磨难面前，大多数人选择了坚强地活着，所以他们有了更多的时间和机会去享受生命的美好；而极少数的怯懦者却选择了放弃，谁又敢说他们在离开人世的一刹那没有感到后悔呢？不管怎样，能够看到花开，能够听到鸟叫，能够感受到阳光照耀在身上的温暖，活着，就是一件无限美好的事情。

阳光箴言

当你面临过死亡，你对于生命就会有更加深刻的感悟。那些原本使你气愤的事情，在死亡面前都显得微不足道，此时此刻，对于你而言，最重要的就是好好地活着，好好地去爱。

（1）生命是宝贵的，对于每个人而言都只有一次，我们不知道自己的生命有多长，所以，把每一天都当成是上天最珍贵的馈赠吧！

（2）当你目睹了死亡，你更应该意识到生命的宝贵，即使生命变得残缺不全，我们也应该努力地活着。

（3）如果你连死都不怕，你还怕活着吗？

（4）活着，是一件最大的幸事。

第九章
感悟生命，教导孩子用心过好当下的每一天

分享，让每个孩子的生命更有意义

现在，越来越多的富豪开始回报社会，他们把经年累月辛辛苦苦赚来的钱用于救济穷人，帮助穷人家的孩子接受教育，以改变他们的命运。也许有人会说，他们为什么要这么做呢？辛辛苦苦地赚钱，然后再把自己赚到的钱送给别人，那还不如不赚钱呢，自己还能轻松一些。有这种想法的人无疑是自私的，他们始终活在小我中，目光短浅。其实，富豪们之所以这么做，是因为分享是一种乐趣。也许刚开始的时候，只有我们把自己的所有同别人分享，但是终有一天，别人也会把他们的所有同我们分享。整个社会在分享中变得越来越和谐，人人都在享受分享的乐趣。如此一来，世界就会变得更加美好。

有个亲戚送来一筐桃子。

父亲有意考验一下两个儿子，就装作发愁的样子问："这么大一筐桃子，一时半会儿肯定吃不完，应该怎样才不至于浪费呢？"

"先吃熟透的呗！"大儿子抢先说道，"谁都知道的，没有熟透的桃子可以多放几天啊。"

"可是，这些桃子，至多能留两三天呀，我们吃桃子的速度肯定赶不上桃子腐烂的速度嘛！"很显然，父亲有些不太满意大儿子的建议，他把目光转向了小儿子，"你呢，你有什么好的办法吗？"

小儿子思索了一下，回答说："我看这样好了，留下一些桃子咱们自己吃，然后把剩下的分给左邻右舍吧。如此一来，既保证了桃子一个不浪费，也加深了邻居之间的感情。"听了小儿子的建议，父亲非常满意地点了点头。这个小儿子就是潘基文。

54年之后，他成功地当选为联合国新一任秘书长。

懂得分享的人拥有博大的胸怀，他们对世人充满了爱，所以他们的生活始终与幸福相伴。

自1975年创办微软之后，盖茨连续13年都是全球首富。然而，在退休前一周，盖茨决定把总计市值为580亿美元的个人资产全部捐给慈善基金会。这项决定是他与妻子梅琳达一起作出的，盖茨说："我们希望把我们所创造的财富回馈于社会，因为只有这样，它才能产生最积极的效应，最大限度地造福人类。"

盖茨承诺，他将把资产移交至由他和梅琳达于2000年创办的"比尔和梅琳达·盖茨基金会"的账户名下，这个慈善机构致力于在全球范围内推广卫生和教育项目，如今已经成长为美国最具规模的民间慈善机构。盖茨甚至不准备给孩子留下任何遗产，而是让孩子们自己去努力奋斗，创造自己的人生。

在盖茨的身上，我们更加深刻地了解了分享的含义。盖茨从未局限于自身，而是放眼世界，将自己的成就与更多的世人分享。

阳光箴言

很多东西都得来不易，这就使得我们更加珍惜自己所拥有的。然而拥有不是占有，在享受自己所拥有的一切的同时，我们更应该学会分享。

（1）社会的资源是有限的，与其浪费资源，不如把多余的资源分给那些需要的人。

（2）与其等到桃子不新鲜的时候再吃，不如把新鲜的桃子分给他人，这是一举两得的办法。

（3）我们不是大富豪，没有那么多的财富与人分享，不过我们可以与人分享生活中的其他资源。

（4）不管是我们与人分享我们的资源，还是我们分享别人的所有，都是一件使人高兴的事情。

第九章
感悟生命，教导孩子用心过好当下的每一天

享受当下，享受幸福

幸福从来没有固定的标准，更没有准确的定义，不管什么时候，拥有一颗满足的心，都是我们获得幸福的前提。假如我们深陷欲望的深渊，永远不知道满足，那么我们就彻底地与幸福绝缘了。

著名作家史铁生曾经这样写道：

"生病的经验是一步步懂得满足。发烧了，才知道不发烧的日子多么清爽。咳嗽了，才知道不咳嗽的嗓子多么安逸。刚坐上轮椅我常想，不能直立行走岂不是把人的特点搞丢了？便觉天昏地暗。"

"等又生出褥疮，一连几天只能歪七扭八地躺着，才看见端坐的日子其实多么晴朗。后来又患尿毒症，昏昏然不能思想，就更加怀恋起往日时光。终于醒悟：其实，每时每刻我们都是幸运的，任何灾难前，都可能再加上一个'更'字。"

……

也许有必要相信，能从心底里说出这话的人，一定是吃尽了"疾病"的苦头，所以才把自己幸福的底线定得如此之低。但相信归相信，很多的人依旧是我行我素地过活，等到某一天终于开始意识到什么是真正的幸福的时候，才发现生命留给自己享受幸福的时间已经是少得不能再少了。

阳光 箴 言

"天下熙熙，皆为利来；天下攘攘，皆为利往。"许多人一生都在茫茫的红尘中不停地奔走，结果深深地陷在名与利的泥潭里而不能自拔。"蓦然回首，那人却在灯火阑珊处。"等到悟出真正的幸福其实就在出发原点的时候，

却为时已晚。

（1）你想要的是什么？你应该弄清楚。

（2）对于你而言，怎样的生活才是幸福的？对金钱的追求是永无止境的，如果陷入其中，那么你的一生都不会获得幸福。

（3）不管什么时候，不管身处何种境遇，一颗容易满足的心都能够使你与幸福永远相伴。

（4）古人云，知足常乐，只要牢记这一点，我们就更容易感到快乐。

第九章
感悟生命，教导孩子用心过好当下的每一天

告诉孩子，生命高于一切

生活中充满了意外，假如你所爱的人因为意外离开了这个世界，那么请你为了他好好地活下去，因为他始终活在你的心里，你是在为两个人活。

苏珊是个弃儿，在孤儿院长大。她患有严重的先天心瓣膜缺损，活动量稍大，就会引起心脏缺氧而昏迷，随时都有死亡的危险。苏珊在19岁那年到伦敦念大学，她在学校遇见了汤姆，两人一见钟情。

一天，汤姆告诉苏珊，他父母两天后来见她。晚上，苏珊兴奋地将这个消息告诉了孤儿院院长。院长沉默许久，说："苏珊，你不能爱别人，也不能与人结婚，你的心脏不允许你这辈子过婚姻生活。"

苏珊大喊道："可是我爱汤姆，我愿意为他牺牲一切。""我知道，孩子，但那样不仅会要了你的命，也不会带给他幸福。"院长的语气充满了同情和无奈。

苏珊哭了。第二天，苏珊没有去学校，只给汤姆留了张便条，告诉他自己不能去赴约了。

苏珊收拾行李来到长途车站，决定去遥远的泽西。

车上与苏珊邻座的也是个年轻女孩，她叫巴巴拉。她告诉苏珊，因为她的父母在泽西相识相爱，所以每年全家三口都要去泽西岛。巴巴拉说："父亲说要在我每个生日之夜向上帝感恩，感谢他给了我们幸福的生活。"

车终于抵达港口，就在等候轮船的间隙，苏珊发觉自己忘了随身带药，好心的巴巴拉主动说："别急，我知道这附近有家药店。"说罢，她匆忙向大街跑去。苏珊望着巴巴拉轻盈奔跑的背影，也就在那一刻，一辆急速行驶的货

车冲了出来，然后是一阵急刹车的声音。苏珊的心猛地揪了一下，整个人慢慢瘫软倒下。

当苏珊从昏迷中苏醒时，发现汤姆守候在病床前。她回忆起所有的事情，焦急地问汤姆："那个女孩呢？她叫巴巴拉。""她没能活过来。"汤姆低声回答。

苏珊的心隐隐作痛，她下意识地伸手去摸索枕边的护心药。就在这时，汤姆说："不用了，巴巴拉的心换进了你的身体，是她父母主动要求的。医生除了冒险给你做移植手术，已经没有第二条路，感谢上帝，他们成功了。"

苏珊呆住了，她记得巴巴拉讲过，她的生日是4月7日，而她死的那天就是4月7日，命运有时太不可捉摸了！

移入巴巴拉那颗健康的心脏后，苏珊开始了自己的新生活。几年后，她与汤姆结下美满姻缘，还生下一双儿女。每年4月7日他们都要去泽西岛，要在靠近岛上圣奥宾湾的一家小酒吧里一直守到打烊时分，那曾是巴巴拉一家每年生日聚会的地方。

第15个4月7日夜晚降临时，在圣奥宾湾的小酒吧里，一对老夫妇走了进来，选了个靠窗的位子坐下。苏珊坐在另一边，忽然感觉到一种异样的心跳，好像有股神奇的力量招引她起身走过去。两个女人相互凝望着，眉睫泪水盈盈。苏珊哭道："那年我早已心如死灰，只想来泽西找片安静的海水跳下去。而她，多不值得。""可是亲爱的，现在我从你脸上看到的是幸福和快乐呀！"老妇人含泪用手抚摸着苏珊的面庞。苏珊说："是的，我活下来了，心里装有两个女孩子对生活的期盼，我必须加倍善待生命，好好活着。""那就没有什么不值得了。"老妇人道，随后她低声对丈夫说了几句。这时汤姆带着两个孩子走过来，孩子们天真地跟老夫妇打着招呼。忽然，那个小一点儿的女孩子指着窗外叫道："噢，你们看，月亮从树后面爬上来了。"苏珊低下头，笑着对小女儿说："真是个该向上帝感恩的夜晚，你可不可以为大家把蜡烛点亮，巴巴拉？"

小巴巴拉划了根火柴，伸向桌子中央的银烛台。蜡烛亮了，她仰脸环视着四周的大人，娇憨地笑起来，摇曳的烛光映在她灰蓝的瞳孔里，像闪烁的星星。

乐于助人的巴巴拉为了去给苏珊买药，不幸遭遇了车祸，而她的心脏最终被移植到了苏珊的体内。因为巴巴拉，原本绝望的苏珊现在更加努力地活着，她要把巴巴拉的一生也活出来。这就是人性。

阳光箴言

（1）生活中，我们既需要别人给予的爱，也应该将自己的爱赠与别人。

（2）生命之所以温暖，就是因为人与人之间充满了爱，充满了温情。

（3）爱，就像一把熊熊燃烧的火炬，为传递它的人带来光明。

假如生命只剩下最后一天

很多人总是抱怨命运对自己太不公平，抱怨自己得到的太少而付出的太多。因为朋友偶然犯的一个错误，他们怒火中烧；因为年幼的孩子不小心把果汁洒在了地上，他们大发脾气；因为爱人没有按时回家吃饭，他们甚至口不择言提出了离婚……很多人在愤怒之余忘记了感恩和珍惜，成了抱怨和负面情绪的奴隶。假如生命中只剩下一天的时间，你还会这样做吗？肯定不会。那么，就把生命中的每一天都当成一辈子去过吧，如果生命只有一天，你就会加倍珍惜身边的人和事。

一位曾经到阿拉斯加拜访过爱斯基摩人的作家，回来之后向人们讲述了他在那里的一则见闻：

"永远不要问爱斯基摩人他多大了。即便你问，他们也只会对你说：'我不知道，我也不在乎。'再追问下去，他们就会说：'不到一天大！'爱斯基摩人相信，到了晚上入睡的时候，他们就"死了"。但到第二天清晨醒来时，他们又重新复活。因此，没有一个爱斯基摩人能活过'一天'！也正因如此，每一个爱斯基摩人的面容都不带忧愁和焦虑，他们快快乐乐地过着自己的每一个'一天'。"

"不到一天大！"——这并不是爱斯基摩人的一句玩笑话，仔细地回味这种"不到一天大"的生命心态与理念，你的心中一定会增添一分深刻的崇敬，甚至会感受到一种莫大的震撼。

正是因为把每天都当成是自己生命中的最后一天来过，所以爱斯基摩人才会每天都轻松坦然，从来不为不值得的事情耗费自己的生命，更不会把自己宝贵的生命浪费在生气和抱怨上。

有一位名人曾经说过，假如你把每一天都当成是生命中的最后一天，那么终有一天，你会发现你是正确的。话虽然简单，却揭示了一个深刻的人生道理。假如我们能够做到这一点，我们就能够轻松地度过自己的人生。我们的人生就会多几分坦然和从容，少几分沉重。

阳光箴言

几乎一切事情，包括荣誉、骄傲、对难堪和失败的恐惧，都会在死亡面前消失得无影无踪。当面对死亡的时候，即使最想不开的人，也会豁然开朗。所以，不如像爱斯基摩人一样，把每一天都当作一种新生，只有这样，我们才能时刻感激生命的馈赠和恩赐，心怀感恩地度过生命中的每一天。

（1）生命，是命运给我们的最好的馈赠。生命，对于每个人都只有一次，让我们好好地享受生命吧！

（2）把每天都当成一辈子来过，你会更加珍惜自己的一呼一吸，你会抛开那些身外之物，全身心地投入美好的生活。

（3）只有在生命即将逝去的时候，我们才能真正感受到生命的可贵。

（4）就当自己死过一次一样，好好地活吧！

虚心接受他人的意见，弥补自己的不足

每个人都希望得到别人的肯定和赞扬，因为人是需要被肯定的。然而，生活中，也许是因为偶然，也许是因为能力限制，我们无法把每件事情都做得尽善尽美。这个时候，等待我们的也许就不是赞扬了，而是批评，甚至是羞辱。假如你因为别人的羞辱而放弃自己，不再努力，那么你的一生就注定与失败结缘了。真正的强者，是不会因为别人抓住了他的把柄羞辱他而绝望，相反，在他看来，别人的羞辱恰恰为他指出了不足，使他努力的方向更加明确。

格林尼亚出生在法国西北的瑟堡，父亲是一家造船厂的老板，整天忙于发财，对子女溺爱有余，管教不足。格林尼亚从小游手好闲，整天浪迹街头，不把学习放在心上，成为一个名副其实的公子哥。由于长相英俊，出手大方，格林尼亚在情场上春风得意，总能讨得异性的欢心，把一个个漂亮的姑娘吸引到身边。

然而，在这个世界上，拥有足够多的金钱并不意味着就拥有一切，相貌堂堂也未必能赢得尊重。在一次午宴上，格林尼亚走到出众的美女波多丽面前调情。与以往每次都获得美人心相反的是，他非但没有赢得波多丽的欢心，反而遭到了一番奚落："请你走远一点儿，我最讨厌像你这样的公子哥在眼前晃荡！"

这一句充满无礼与轻视的话，就像一把匕首捅在他心头，他长期以来呈休眠状的羞耻心也一下子被唤醒。格林尼亚陡然意识到：家庭的富有并非个人的荣耀，要想赢得真正的尊重，有赖于自己用努力去争取。排遣着无边的懊恼和悔恨，他甩掉一身自以为潇洒的轻浮，打起精神走上了一条有理想、有追求的路。

这年，格林尼亚21岁。为了摆脱家庭长期溺爱导致的松懈，他决定换一种生活环境。于是，他留下一封书信说："请不要打听我的下落，相信通过刻苦

学习，我一定会干出些成绩来的。"

格林尼亚从瑟堡出发，来到里昂。他用两年的时间修完耽误的全部课程，获得里昂大学插班就读的资格。重新投入校园生活后，他倍加珍视来之不易的机会，并引起了化学权威巴比尔的注意。在名师的指点下，他进行了一系列的实验，很快发明了格氏试剂，被学校破格授予博士学位。这一消息轰动了法国，也让格林尼亚的父亲感到非常欣慰。

又一个四年的辛劳之后，格林尼亚终于取得了卓越的成绩。1912年，他被授予诺贝尔化学奖。波多丽得知这一喜讯，在病床上亲自给他写了一封贺信："我永远敬爱你！"就这么一句话，让格林尼亚激动万分。他永远感激这位美女当初对他那一番近乎侮辱的训斥。

阳光箴言

如果不是波多丽的羞辱，格林尼亚也许会继续不自知地得意下去。波多丽的一番羞辱，恰如当头一棒，打醒了格林尼亚，使他认识到了自己的不足。正因如此，世界上才多了一位伟大的化学家，为人类作出了卓越的贡献。因此，被别人羞辱的时候，请不要急于恼怒，而应静下心来反省自己，审视自己是不是真的做得不够好。

（1）别人的羞辱不会是无端的，请先反省自己是否真的如他人所说的那样糟糕。

（2）有的时候，我们无法正确客观地评价自己，对于别人的评价，不管是好的还是坏的，我们都应该细细考量。

（3）从某种意义上来说，羞辱是另一种形式的鞭策。

（4）感恩在你生命中出现的一切人和事吧，不管是友好还是伤害，是它们促使你不断成长。

第十章

给予陪伴,告诉孩子学会珍惜血浓于水的亲情

第十章
给予陪伴，告诉孩子学会珍惜血浓于水的亲情

母亲与孩子，如同种子与果实

当一棵树上挂满累累的硕果，谁还会想起曾经凋零的花朵呢？与其说是花朵孕育了果实，不如说是果实展现了花的价值。对于花而言，心中的滋味自是复杂的，在喜悦欣慰之余，也有着淡淡的落寞。它在泥土里仰望着丰硕的果实，默默地为果实祝福着。

又是一年的深秋——一个承载希望与丰收的季节，但在这个时节，哀怨和凄凉的氛围也日渐浓重，是因为枯黄的落叶开始离开老树的母体纷纷飘走吗？完美的深秋拥有收获的意蕴，惹人妒忌；同样拥有成熟后的枯萎，让人感觉孑然。飘飘的枯败落叶被人毫无怜惜地踩在脚下，人们总是忘记，落叶曾经所给予果实的滋润。

"这样的秋天带着些许凉意，却总能给予人们清醒的通体舒畅。"她，一个人走在空旷的大马路上，想为自己找一些悲凉的理由，却发现，一切似乎是那么自然而合理。一切以它再自然不过的方式演变着，对，一切都在变。

儿子出生时，她，一个年轻漂亮的少妇，第一次有了母性特有的温柔，总想着用自己柔弱的肩膀给予儿子保护，让他远离喧嚣、远离烦扰，无忧长大。

儿子5岁那年，她，依旧是个漂亮的母亲，每见到别人家的孩子，总要多看几眼，比比、看看，还是自己的儿子最棒，每当这时，她的脸上总洋溢着幸福的微笑。

儿子10岁那年，她，一个慈爱的母亲，包容了孩子合理的要求，满足了他几乎所有的愿望：玩具、衣服、鞋子。那时，她觉得，母亲嘛，就要有母亲的样子，他是她唯一的儿子，她要给予他这个世界上最好的一切。

培养孩子阳光心态的关键

儿子15岁那年，她，还是一个慈爱的母亲，少了年轻时的"轻狂"和"潇洒"，渐渐疏远了曾经给予她美丽的衣物饰品，多了些柴米油盐的踌躇，"儿子未来的路还很长，上了小学，上初中，上了高中，上大学……"她想着儿子。

儿子20岁那年，她，一个慈爱的妇人，满怀欣喜地看着儿子踏上开往大学的列车，却不曾察觉，鱼尾纹已悄悄爬上眼角，曾经引以为傲的秀发，也有了一种叫风霜的痕迹。她的心中没有悔恨，只觉得幸福。因为她有优秀的儿子。

儿子25岁那年，她，还是个慈爱的妇人，参加了儿子的毕业典礼。想起了年轻时的自己，想起了自己大学毕业的那一年，觉得一切恍如隔世。看看自己粗糙的手，摸摸自己干枯的头发，她觉得……是酸楚吗？不是的，是一种更复杂的味道。生命就像个循环，她不禁发出这样的感叹。

儿子30岁那年，有了自己的家庭。她，一个慈蔼的中年妇人，走在空旷的大街上，寻找着年轻时的梦，想着一些似梦似幻的场景，想着……突然间就觉得悲凉，找不出任何理由。

风雨后，花儿的芬芳过去了，花儿的颜色过去了，果儿沉默地在枝上悬着，花的价值，要因果而定了！

每一个女人，曾经都是一朵娇艳的鲜花。她们高傲地绽放在枝头，从未俯身去看泥土的颜色。然而在有了果实之后，她们开始慢慢地凋零，也许还没有陪伴果实到真正成熟，她们就因为风吹雨打落进了泥土。为了自己孕育的果实能够健康成长，她们心甘情愿地把自己融入泥土，全然忘记了自己绽放时的娇美。终于有一天，看着自己孕育的果实成熟了，骄傲地挂在枝头，她们才怅然若失地想起自己往日的风光。这就是母亲的一生，恰如花朵的一生，为了自己的孩子，她们情愿把自己低到尘埃里。

阳光箴言

（1）没有什么能够使骄傲绽放着的花朵低下头来，除了她所孕育的果实。

（2）没有人能够使年轻漂亮的女孩子放弃美丽，然而，当她们成了母亲，这一切都改变了。她们的所有行动都围绕着孩子展开，即使自己因此变得不再光鲜亮丽，也无怨无悔。

（3）孩子，当你骄傲地挺立于人世间的时候，千万不要忘记你的母亲正在渐渐地衰老，她默默地看着你、祝福你，不愿意打扰你。

（4）对于母亲最大的回报，就是抽出时间多多陪伴母亲，就像你年幼的时候母亲也曾经耐心地陪伴你一样。

孩子，是妈妈生命的延续

母爱不同于父爱，父爱是沉默的、无言的，如山一般重重地压在我们的心上，而母爱呢？母爱是琐碎的、细腻的，融化在点点滴滴之中。大到成家立业，小到吃鱼挑刺，母爱总是丝丝缕缕地包围着我们，使我们深受母爱的滋养而毫不自觉。

作家陈运松在他的《妈妈喜欢吃鱼头》中记叙了这样一种"传承"：

在我依稀记事的时候，家中很穷，一个月难得吃上一次鱼肉。每次吃鱼，妈妈都先把鱼头夹到自己碗里，将鱼肚子上的肉，极仔细地挑去很少的几根大刺，放在我碗里，其余的便是父亲的了。当我也吵着要吃鱼头时，她总是说："妈妈喜欢吃鱼头。"

我想，鱼头一定很好吃。有一次，父亲不在家，我趁妈妈盛饭之际，夹了一个，吃来吃去，觉得没鱼肚子上的肉好吃。

那年外婆从江北到我家，妈妈买了家乡很金贵的鲑鱼。吃饭时，妈妈把本属于我的那块鱼肚子上的肉，夹进了外婆的碗里。外婆说："你忘啦？妈妈最喜欢吃鱼头。"

外婆眯缝着眼，慢慢地挑去那几根大刺，放进我的碗里，并说："伢啦，你吃。"

接着，外婆就夹起鱼头，用没牙的嘴，津津有味地嚼着，不时吐出一根根小刺。我一边吃着没刺的鱼肉，一边想："怎么妈妈的妈妈也喜欢吃鱼头？"

29岁，我成了家。生活好了，我和爱人经常买些鱼肉之类的好菜。每次吃鱼，最后剩下的总是几个"无人问津"的鱼头。

而立之年，喜得千金。转眼女儿也会自己吃饭了。有一次午餐，妻子夹了一块鱼肚子上的肉，麻利地挑去大刺，放在女儿的碗里，自己却夹起了鱼头。女儿见状也吵着要吃鱼头，妻说："乖孩子，妈妈喜欢吃鱼头。"谁知女儿非要吃不可。妻无奈，好不容易从鱼鳃边挑出点儿没刺的肉来，可女儿吃了马上吐出来，连说不好吃，从此再也不吃鱼头了。打那以后，每逢吃鱼，妻子便将鱼肚子上的肉夹给女儿，女儿总是很困难地用汤匙切下鱼头，放进妈妈的碗里，很孝顺地说："妈妈，您吃鱼头。"

打那以后，我悟出了一个道理：女人做了母亲，便喜欢吃鱼头了。

鱼头上的刺多肉少，母亲为什么爱吃鱼头呢？如果你始终处于母亲细密绵延的爱之中，你就无法找到问题的答案。但是，如果你像"我"一样经历了妻子由不爱吃鱼头到爱吃鱼头的转变，你就会知道为什么女人一旦当了母亲就喜欢吃鱼头了。

在这个世界上，最伟大的是母爱，最无私的也是母爱。母亲对于子女的爱，并非出于任何理智的考虑，而是出于母亲的本能。所以，爱人的不知道自己付出之多，享受这份爱的人也觉得理所当然。直到自己也做了母亲，你才会知道你的母亲给了你多少爱。

阳光箴言

（1）在母亲的有生之年，请善待她，因为她为你付出了自己一生的心血。

（2）如果你不理解母亲，请你在有了自己的孩子之后再尝试着去理解。

（3）母亲是这个世界上最伟大的人，回家看一看，你的母亲是不是也爱吃鱼头。

（4）母亲是为我们的家庭付出最多的人，她既要照顾丈夫，又要赡养老人，还要抚育年幼的子女。是母亲撑起了作为社会基本单元的家。

父爱无言，父亲是孩子身后的一座山

也许你觉得自己是一朵娇艳的花，而嫌弃父亲粗糙的大手，但是你不知道，你这朵美丽娇艳的花，就是从父亲那双粗糙的大手中绽放出来的。正是因为有了他无怨无悔的付出，这朵花才越来越娇艳。

莉莉是一个漂亮的小女孩，在莉莉3岁的时候，母亲离开了莉莉，是父亲把莉莉一手养大的。

莉莉很美，也很爱美，但家里穷，尽管父亲极力宠爱她，可她还是常常噘着嘴。有一天，父亲采了朵美丽的山花插在莉莉的头上，看着她笑，可莉莉拔掉花扔在地上就跑了。父亲的眼泪莉莉没看见，父亲知道一朵山花永远也比不上商店那件莉莉喜欢的华服。

父亲很憨厚，莉莉可以随意任性。上中学时，莉莉一星期只回一次家。父亲想莉莉了，就去看了莉莉一次，结果莉莉大闹了一场，父亲从此再也不敢走进那所学校了。因为父亲是农民，穿着难看，而莉莉是校花，穿着体面。

莉莉考上了美术学院。三年里，莉莉只回了一次家。三年里，父亲在黄土里给莉莉刨出了几万元，都是让别人到邮局给莉莉寄去的，因为父亲是文盲。

莉莉越来越美。但毕业后，莉莉这朵美丽的花一直没结出果来，没画出一幅像样的画，从公职转到了个体，谈了恋爱后结婚，之后又离了。就这样，七年过去了，莉莉这朵娇艳的花也谢了。

父亲还是那个朴实憨厚的父亲。

莉莉回家看父亲。多年没上过家乡的山了，莉莉想上山玩，父亲就带莉莉上山，父亲一路高兴得像个小孩子，但莉莉一直闷闷不乐。为此，父亲还像莉莉小时候一样给莉莉讲故事、说笑话，极力逗莉莉笑。可莉莉怎么也笑不起来。

"父亲！我还美吗？"

"当然美！我女儿是最美的！"

"可是……"

父亲又采了朵最美的山花，往莉莉头上插。

这时，莉莉突然抓住了父亲的手，让父亲别动。父亲一动也不动。

莉莉仔细地看着父亲的手：巨大如蒲，坚硬如铁，骨节肿大如锤，手心积茧万重，手背暴筋血裂！这双手捧着一朵美丽的山花，一朵红白相间鲜嫩得让人心疼的鲜花！莉莉瞬间泪如雨下！父亲慌了："女儿你……""父亲！你等着！"父亲就一直等着，捧着那朵花。莉莉跑回家，拿了画笔画架跑回原地，画了起来。父亲明白了，憨笑了。原来莉莉在画父亲的手和那朵花。不久，莉莉的这幅画获了大奖。一直画不出好画的莉莉，一连举办了几次画展，非常成功，一下子出名了。莉莉不停地画，就画手和花，各种各样的手，各种各样的花，莉莉的又一幅获奖画，题为《富贵与贫穷》——父亲的手捧着一朵牡丹。

莉莉成了小有名气的画家，她把父亲接进了城，常搀扶着父亲一起走进各种大场面，一脸的自豪。莉莉每天都在画，就让父亲坐在自己的身边，还不时地去看看父亲的手。

莉莉一直画不出好画，是因为她始终漂浮着，没有踏踏实实地静下心来去感悟生命。她甚至不知道，自己的美丽正是源于父亲无私的付出，源于父亲那双粗糙的大手。直到她了解了这一切，她才真正地了解了生命的源头。

阳光箴言

（1）每一个女儿都是一朵娇艳的花朵，每一朵花背后，都隐藏着父亲的大手。

（2）父爱无言，如果你不去感受，你就不知道父亲已经在你的身后站成了一座山。

（3）你觉得父亲的手很粗糙，却不知道父亲的手正是为了培育你这朵娇艳的鲜花才变得粗糙的。

（4）生命的清泉流淌自心底，才能感动人心。莉莉找到了生命的源泉，所以成了画家。

孩子是妈妈心里最重要的人

孩子，永远住在母亲的心里。不管孩子在哪里、走多远，母亲始终都在等着孩子回家。不管多久没有相聚，母亲只需要轻轻地握一握孩子的双手，就能感受到孩子的归来。浪迹天涯的游子啊，不管离家多远，都请记得回去看看你们的母亲，安慰她们被等待煎熬的心。

有一天，一家大型化工厂突然发生了液氨气体泄漏。一时间，公安、消防等部门紧急调派人手进行排险，并挨家挨户通知化工厂附近的住户赶快撤离，以保证安全。

住户很快疏散完了，大家正要松口气的时候，有人发现，离化工厂最近的一幢家属楼上还有人。几名干警上去一看，是位老太太。她眼睛不太好使，有白内障，看不清东西。等干警耐心地向她解释要撤走的原因后，她一个劲儿地摇头，说什么也不愿意离开。

几名干警说得口干舌燥，最后倔强的老太太说："我不能走，我要等我的儿子回来！"原来是这样。几名干警想了想，悄悄从外面叫来一个人，让他装成老太太的儿子，亲热地上去喊"妈"，要老太太赶快离开。谁料，老太太虽然眼睛看不清，但心如明镜，听得很仔细，她坚决地摇头，说这人根本不是她的儿子。

泄漏的气体即将造成重大危害，房间内越来越危险，可老太太执意要等她的儿子。这可怎么办呢？几名干警一商量，决定分头找老太太的儿子。通过询问社区工作人员，干警终于查出了老太太儿子的下落，于是赶忙开车去接老太太的儿子。

半小时后，老太太的儿子被接来了。他什么也没说，只是上前握了一下手，老太太便立刻感觉出来了。老太太没再说什么，顺从地让儿子把她背下了楼。

在儿子背上，老太太轻轻地说："好孩子，妈妈一定会等你回来的！"

一听这话，儿子腿一哆嗦，差点摔倒。这个家，他已经七年没回来过了，因为他参与贩毒被判了刑。妈妈的这句话，为心如死灰的他又一次注入了一股力量。因为他知道，无论如何，妈妈都会等他回来。

即使面对生命的威胁，母亲依然要等待儿子的归来。漫长的七年过去了，只需要握一握儿子的手，母亲就知道是自己的儿子回来了。七年了，即使儿子浪迹天涯，也依然住在母亲的怀抱里，住在母亲的心里。

阳光箴言

不管你离开了多久、走了多远，那个始终留在原地等你的人就是你的母亲，她是这个世界上唯一对你不离不弃的人。请珍爱你的母亲吧！

（1）孩子就像母亲手中的风筝，不管飞得多高多远，永远牵动着母亲的心。

（2）当你远行，谁留在家中执着地等待你归来？

（3）爱自己的母亲吧，因为你是她用自己的生命铸就的。

（4）不管什么时候，都不要忘记自己的母亲。

第十章
给予陪伴，告诉孩子学会珍惜血浓于水的亲情

亲人，是每个孩子一生的依靠

为了自己所爱的人，我们总愿意付出一切，这是大多数人都能够做到的。然而，为了自己所爱的人改变几十年的生活习惯，且仅仅觉得自己的改变是理所当然的、是正常的，这就并非人人都能做到了。如此细腻温婉的爱，除了你的家人能够给你，还有谁能够给你呢？

有一位新认识的朋友，他很阳光，喜欢各种娱乐和运动，尤其喜欢打篮球。他打球的方式很奇特，总是用左手运球，而且能用单手在人群阻挡中准确地投篮。其实，他这样做并不是为了卖弄球技，而是因为他只有一只手。这只神奇的左手能打一手好球，写一手好字，甚至能在钢琴上演奏出动听的乐曲。

更让我敬佩的是他对生活乐观的态度和健康的心态。他的言语总是那样亲切。他工作努力，与同事朋友的关系融洽，与客户的交流诚恳愉悦，常常得到领导的表扬嘉奖。我见过许多因为身体残疾心也一同"残疾"的人，所以一直不理解他。直到有一天，见到了他的家人，我才醒悟过来。

那天，我和一个朋友去他家，他的父亲非常热情，要留我们吃饭。

他们一家人都很热情，谈起他的时候，言语之中总透露着无尽的爱意与自豪。大约聊了半个钟头，晚餐准备好了，大家围坐在桌前，品尝起他母亲做的美味佳肴，我也成了左撇子……

那一刻，感动如潮水般涌上心头，我从来没有想象过，这个世界上原来还有如此真挚而细腻的爱。一家人为了给自己残疾的亲人一个平和而正常的环境，一起改掉了自己坚持几十年的生活习惯。自从他年幼时第一次用左手笨拙地拿起筷子、夹起一片菜叶时起，他的家人同样笨拙地用左手反复练习那个动

作，直至成为习惯。而这样的习惯与爱伴随着他，与他一起成长。为了让他健康乐观地生活，他们把所有的爱全部写在了左手上。

爱，就是为了你爱的人用左手；爱，就是为了你爱的人吃用清水涮过的菜；爱，就是为了你爱的人吃在辣酱里打过滚儿的菜。爱是如此平实，它没有那么轰轰烈烈，那么使世人震惊，而是一点一滴地流进我们的心里。这就是爱，是甘于牺牲，无怨无悔，不求回报，细腻无私的爱。

阳光箴言

（1）什么是爱？轰轰烈烈的爱就像是一出戏的高潮，虽然很震撼人心，却面临着落幕。平实的爱虽然太过平凡，却细水长流，滋润着我们的心田。

（2）爱，融入在生活的一点一滴之中，使人从不厌倦。

（3）爱，就是为了你所爱的人改变自己，而不是企图去改变他。

（4）爱，就是心甘情愿地牺牲。

母亲，应该给孩子最贴心的陪伴

曾经，每一位母亲都觉得自己的孩子是这个世界上最完美的人；曾经，每一位母亲都对自己的孩子充满信心，觉得他一定是这个世界上最有出息的人。的确，在母亲眼中，自己的孩子是天底下最漂亮、最聪明、最可爱的。因此，她们满心欢喜地看着孩子不断成长，直到他们离开自己的怀抱、踏进社会。一个聪明的母亲，从来不会因为失望而去挖苦孩子、打击孩子，因为她知道，对于孩子而言，给他希望远远比否定他、使他绝望更奏效。

这一天，一所幼儿园召开家长座谈会。会上，老师对一位母亲说："你的儿子可能有多动症，这么多孩子里，只有他最好动，每次在板凳上坐不到三分钟就会左摇右晃，甚至离开座位。"

回到家中，儿子问她老师说了什么，她慈爱地摸着儿子的头说："老师说你是个听话的好孩子，说你原来在板凳上坐不上一分钟，现在都能坐稳三分钟了！"儿子蹦着大叫："我是个好孩子，我要更加努力，让老师继续表扬我！"那天，儿子破天荒地吃了两碗米饭，并且没有把饭菜弄得到处都是。

在小学家长会上，又一位老师对这位母亲说："这次数学考试，全班48名同学，只有你的儿子没及格，而且他其他科的成绩也很差，我们所有任课老师研究过了，你的儿子智力上可能有点障碍，你最好带他到医院检查一下，看看有没有特殊的办法能够治疗。"

走出校门，她发现儿子低着头向她走来，她兴奋地告诉儿子说："儿子你真棒！老师刚才表扬你了，他说，虽然你现在的成绩不是最好的，可你是个勤奋好学的好孩子，只要你继续努力，你一定能超过你的同桌！身为你的妈妈，我感到很自豪。"说完这些话，她发现儿子原本黯淡的眼神一下子明亮了许多。从那天起，儿子上学早了，晚上还会多看一会儿书。

在初中家长会上，老师对她说："你儿子现在的成绩不太乐观，如果这样下去，考高中就危险了。"家长会结束后，她告诉儿子："你们的班主任对你很有信心，他说，你只要再接再厉，肯定能考上高中。"

高考结束了，儿子把一封来自名牌大学的录取通知书放在她的手上，这一刻，她再也忍不住那藏在心中十几年的泪水，任由它们滴落在那沉甸甸的通知书上。

每次开家长会，事例中的母亲都在心里流着泪，她曾经引以为傲的孩子，居然有这么多令人难以忍受的缺点，这使她心痛。然而她依然保持坚强，微笑着面对孩子，告诉他，你很棒！这就是母亲，是我们最伟大的母亲。如果没有母亲不断地鼓励和支持，儿子也许很难战胜自己的一个个缺点，获得人生阶段性的成功。我相信，不管是以前还是现在，以至将来，母亲的鼓励、理解和信任对于孩子来说都是奔向成功的最大动力。

阳光箴言

（1）在这个世界上，对于孩子而言，母亲无疑是那个最欣赏他的人。所以母亲的看法对孩子至关重要，很多时候，是母亲给了孩子信心。

（2）在这个世界上，对于母亲而言，孩子无疑是她今生今世创造出来的最完美的作品，所以无论如何，我们都不能辜负母亲的期望。

（3）当整个世界都抛弃我们的时候，也一定还有一个人坚定地站在我们的身边，那个人就是母亲。

（4）身为母亲，应该牢牢记住，任何时候，给予孩子希望要比给予孩子打击更有效。

第十章
给予陪伴，告诉孩子学会珍惜血浓于水的亲情

多陪伴孩子，才是给他最好的爱

如今，随着社会的发展，越来越多的妈妈走入了职场，开始了职业生涯，由此改变了以前的家庭模式，即由爸爸在外面工作挣钱，由妈妈负责照顾家庭和孩子。因为走入了职场，母亲陪伴孩子的时间相应地减少了很多。尤其是那些职业女性，她们把大量时间都用于工作，很少有时间照顾家庭，更没有闲暇时间与孩子接触。因此，很多孩子十分渴望能够与母亲更多地相处。母亲与子女之间虽然存在着血缘关系，但也是需要相处的。相处，是人与人之间最基本的交流方式，只有多多相处，彼此之间才能建立起真情。

一位在事业上很成功的母亲每天下班回家都很晚，她已经好久没有和孩子一起吃晚饭了。这天，工作上的事让她很累很烦，她只想赶快休息。到家后，5岁的女儿正眼巴巴地等着她。

"妈妈，我可以问你一个问题吗？"

"妈妈很累，需要早点休息，不能跟你玩了。"她心想，小孩子真是不懂事，大人都这么累了还不理解。当她抬头与女儿期盼的目光相对时，她还是心软了，于是说："要问妈妈什么问题呢？"

"妈妈，你一个小时能赚多少钱？"

"怎么问这么奇怪的问题呢？是不是和别的小孩子打赌了？"她不喜欢孩子在金钱上互相攀比。

"没有，妈妈，我只是想知道而已，告诉我吧。"女儿拉着她的手哀求道。

"好吧，如果你一定要知道，妈妈告诉你——20美元，不过你不能……"

还没等她说完，女儿就掰着手指头算了起来，然后说："妈妈，你能借给

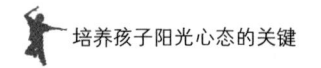

我10美元吗？"

这时她再也忍不住了，有点生气："如果你要拿钱去买那些没用的糖果和小玩意儿，那我告诉你，现在就回到自己的房间去，好好想一下，妈妈每天这么忙是为了什么，你为什么这么不懂事！"

女儿好像被妈妈生气的样子吓着了，一边哭一边回到自己的房间。

她一个人坐在沙发上，慢慢地平静下来。她反思之后，觉得自己不应该对孩子发那么大的脾气，毕竟孩子平时并不总跟自己要钱，或许她真的有什么事情。于是，她走进女儿的房间说道："妈妈刚才做得不对，这是你要的10美元。"女儿开心地说："谢谢妈妈！"然后从小抽屉里拿出一沓钞票，慢慢地数着。"我现在有了20美元，妈妈，我可以向你买一个小时的时间吗？明天请你早一个小时回家，我想和你一起吃晚饭。"

故事中的女儿向妈妈借10美元，目的就是向妈妈购买一个小时的时间，以便能够与妈妈共进晚餐。我们不能说文中的妈妈不爱孩子，也许她和其他很多妈妈一样愿意在危急时刻为孩子付出自己的生命，但是在平常的日子里，因为忙碌，她忘记了陪伴孩子，甚至在不知不觉中忽略了孩子。孩子的心灵需要母爱的滋养，需要母亲在平常的生活中用阳光去温暖，因此，母亲除了为孩子付出金钱和精力以外，还应该学会为孩子付出时间，陪伴孩子一起成长。

阳光箴言

孩子的成长是不可逆的，他们的童年只有一次，如果等孩子长大才后悔没有好好地陪伴孩子，显然太迟了。所以，不管工作多么忙碌，不管内心多么焦虑，我们都应该静下心来陪伴孩子，与孩子更多地相处。

（1）养育孩子是一个复杂繁琐的过程，其中最重要的一点就是陪伴孩子成长。

（2）孩子不仅需要物质方面的营养，也需要精神方面的养料，作为母亲，我们应该全方位地抚育孩子，滋养他们的心灵。

（3）你有多长时间没有陪伴孩子一起玩耍了？工作是永远做不完的，放下手里的工作，早点儿回家与孩子团聚吧！

（4）养育孩子的乐趣，不仅在于抚养他们长大成人，也在于陪伴他们一起成长的过程中留下的欢声笑语。

参考文献

[1] 闫燕.阳光心态[M].青岛：青岛出版社，2012.

[2] 郭漫.青少年人生励志哲理故事[M].北京：华夏出版社，2011.

[3] 韩绍朋.青少年从零开始学:心态学[M].北京：地震出版社，2011.